FLL + WRO

乐高机器人

竞赛教程

机械、巡线与PID

蔡冬冬　沈松华　编著

清华大学出版社
北京

内 容 简 介

本书以乐高 spike 机器人和 EV3 机器人为载体进行编写，围绕 FLL 和 WRO 机器人竞赛，通过 180 多个搭建示例，详细讲解机械原理、机械传动设计、机械臂系统设计，以及竞赛机器人主机设计与机械平台设计。结合 200 多个程序示例，详细讲解竞赛机器人的运动、巡线、定位、路径规划、PID 拓展与优化等程序的设计。书中还给出了竞赛机器人的"我的模块"程序设计，让各年龄段的学生都能够学会简洁高效的程序编写。

本书可作为小学生和中学生学习机器人和竞赛的教材或参考书，同时也适合科技爱好者在自学时选用。

图书在版编目 (CIP) 数据

FLL+WRO 乐高机器人竞赛教程：机械、巡线与 PID / 蔡冬冬，沈松华编著 . —北京：清华大学出版社，2022.8

ISBN 978-7-302-61515-6

Ⅰ . ① F⋯　Ⅱ . ①蔡⋯ ②沈⋯　Ⅲ . ①智能机器人－程序设计－教材　Ⅳ . ① TP242.6

中国版本图书馆 CIP 数据核字 (2022) 第 136276 号

责任编辑：袁金敏
封面设计：杨玉兰
版式设计：方加青
责任校对：徐俊伟
责任印制：杨　艳

出版发行：清华大学出版社
　　　网　　　址：http://www.tup.com.cn，http://www.wqbook.com
　　　地　　　址：北京清华大学学研大厦 A 座　　　邮　　　编：100084
　　　社 总 机：010-83470000　　　邮　　　购：010-62786544
　　　投稿与读者服务：010-62776969，c-service@tup.tsinghua.edu.cn
　　　质 量 反 馈：010-62772015，zhiliang@tup.tsinghua.edu.cn
印 装 者：北京博海升彩色印刷有限公司
经　　　销：全国新华书店
开　　　本：185mm×260mm　　　印　　　张：16.25　　　字　　　数：368 千字
版　　　次：2022 年 8 月第 1 版　　　印　　　次：2022 年 8 月第 1 次印刷
定　　　价：99.00 元

产品编号：094833-01

前　言

机器人与竞赛可以给孩子什么？这是很多人曾问过我的一个问题，我想或许是乐于探索：由兴趣转向热爱，有着痴迷的学习态度；或许是勇于尝试：学会用理论指导实践，以实践来丰富理论；或许是敢于挑战：信念坚定，不惧困难，逆流而上……

青少年机器人竞赛活动是一项综合多种学科知识和技能的青少年科技活动，它将知识积累、技能培养、探究性学习融为一体，孩子们通过计算机编程、动手制作与技术构建，并结合日常观察、积累，去寻求最完美的解决方案。在此过程中激发孩子们对科学与技术的学习兴趣，培养他们的创新意识、动手实践能力和团队精神，提高科学素质。

本书以乐高 spike 机器人和 EV3 机器人为载体进行编写，读者可以任选一种器材来参考本书进行学习。本书围绕 FLL 和 WRO 机器人竞赛，在搭建方面详细讲述机械原理、机械传动设计、机械臂系统设计，以及竞赛机器人主机设计与机械平台设计；在编程方面，详细讲述竞赛机器人的运动、巡线、定位、路径规划、PID 拓展与优化等程序的设计。书中还给出了竞赛机器人的"我的模块"程序设计，让各年龄段的学生都能够实现简洁高效的程序编写。机器人的搭建与编程是相辅相成的，搭建的机器人需要编程来实现它的运动，而编程又指导着机器人的搭建。

书中引用了一些公式，为了易于阅读和理解，公式大多采用文字进行描述，若阅读时还是感觉有些内容难以理解，也无关紧要，只需要接着阅读其他文字部分的内容，掌握这个程序算法的功能，学会运用相应程序控制机器人的运动即可。对于那些不解的内容，等掌握了一定的数学和科学知识之后，再次阅读自然就会理解。

工作室里的一群热爱机器人的孩子们也为本书编写贡献了一份力量，他们参与了书中的程序测试和结构搭建。这些孩子分别是郑玥瑶、黄舒可、薛皓轩、桑梓阳、徐安睿、缪泊元、叶方舟、王浩澜、桑宇晗、姜翰、王柳、白义宇、张立行，感谢他们的热情参与。

感谢安徽省肥东县教体局周新龙、吴友邦、王怀宁、李仁梅、谢梦霞和我的领导王朝升的大力支持，在你们的帮助下成立了青少年科技创新教育工作室，给我提供了研究、教研、教学和交流的环境。在本书编写的过程中，特别感谢沈松华老师的经验分享，感谢李铁峰老师的协助。还有朋友和家人，感谢你们一直以来的支持和陪伴，才能使本书顺利完成。

我的专业是物理学，虽有近 10 年的机器人竞赛经验，但在研究机器人的各种原理、工程设计、自动控制和算法的过程中，还是遇到了很多难题，为此查阅了大量资料，也向有经验的老师请教，但书中仍可能存有疏漏和错误之处，诚恳欢迎各位读者和专家不吝指正，也欢迎大家一起交流学习。

  本书承载着一个梦想，那就是希望每一个热爱机器人的孩子都能够设计出性能卓越的竞赛机器人。

  让我们一起在指尖上创造奇迹，在创造中点燃智慧！

蔡冬冬

2022 年 6 月 1 日

目　录

第1章　电机与传感器

第2章　机械传动设计

第3章 竞赛机器人设计

第4章 比例巡线机器人

第5章 PID算法与拓展

电机与传感器

　　电机是机器人的执行机构，让机器人拥有运动的能力，传感器是机器人的感知系统，可以从环境中获取信息，让机器人拥有知觉功能和反应能力。只有深入了解机器人的电机与传感器，在机器人设计中才能更好地发挥它们的功能。

1.1 乐高机器人

（1）了解乐高机器人。

（2）认识乐高机器人的主控制器、电机以及各种传感器。

（3）学会运用机器人编程显示各种数据，包括传感器数据和变量数据。

（4）学会运用机器人编程绘制各种数据图像，并能够根据图像分析数据。

乐高机器人是一款非常普及的可编程积木式机器人，目前主要有 spike 机器人和 EV3 机器人两种型号，如图 1.1.1 和图 1.1.2 所示。这两种机器人可使用乐高积木进行机器人的设计，并通过相应的类 Scratch 图形化模块或 Python 语言进行编程。其中 spike 机器人的编程软件可以直接进行 Python 编程，所以 spike 机器人的 Python 编程比 EV3 机器人更方便一些。

图 1.1.1　spike 机器人（新款）

图 1.1.2　EV3 机器人（旧款）

1.1.1　spike 机器人

1. 主控制器

乐高 spike 机器人拥有一个质量较小的主控制器，如图 1.1.3 所示，主控制器内置 MicroPython 操作系统，主频为 100MHz，闪存为 1MB，内存为 32MB，可用于存储程序、声音等内容，控制器上标注了 A ～ F 共 6 个用于连接各种传感器和电机的端口，控制器不仅配有蓝牙、可编程的三键导航和 5×5 的 LED 矩阵灯式白色显示屏，还内置了三轴加速度计和三轴陀螺仪传感器。

图 1.1.3　spike 机器人的主控制器

2. 力传感器

力传感器可以检测简单的触碰，还可以测量压力的大小，如图 1.1.4 所示。采样率为 100Hz，当按下的深度为 0 ～ 2mm 时，为触碰模式，当按下的深度为 2～8mm 时，可测量力的大小，测量范围为 2.5 ～ 10N，分辨率为 0.1N，测量精度为 ±0.65N。

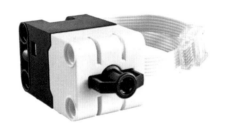

图 1.1.4　力传感器

3. 超声波传感器

超声波传感器可以利用超声波技术来测量自身与物体表面之间的距离，如图 1.1.5 所示。超声波传感器的采样率为 100Hz，测量范围为 5 ～ 200cm，测量精度为 ±2cm，快速感应距离为 5～30cm，测量精度为 1.5cm，入射角为 ±35°（因距离而异），分辨率为 1mm。

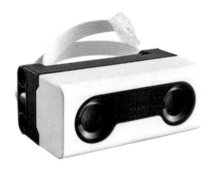

图 1.1.5　超声波传感器

4. 光电传感器

光电传感器可以测量物体表面的颜色、反射光强度和环境光强度，如图 1.1.6 所示。光电传感器的采样率为 100Hz，在颜色模式下，光电传感器可测量的颜色包括：无颜色、白色、蓝色、黑色、绿色、黄色、红色、中度蔚蓝色和亮红紫色。颜色和反射光的最佳检测距离为 16mm，当然这个距离还要取决于物体尺寸、颜色和表面。

图 1.1.6　光电传感器

5. 中型电机

中型电机可同时作为电机和角度传感器，如图 1.1.7 所示，电机在无负载的情况下，其转速约为 185r/min，最高效率时的扭矩为 3.5N·cm，具体数据如表 1.1.1 所示。中型电机内置的角度传感器可以测量电机的旋转角度和旋转速度，每圈的测量精度小于 ±3°，其中，旋转速度为电机当前速度与最大设计速度的百分比。中型电机内置的角度传感器对角度和旋转速度的采样率为 100Hz。

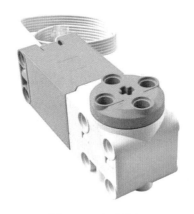

图 1.1.7　中型电机

表 1.1.1　中型电机参数

中型电机状态	扭矩（N·cm）	转速（r/min）	电流（mA）
空载	0	185 ±15%	110±15%
最高效率	3.5	135 ±15%	280±15%
失速	18	0±15%	800±15%

以上所有性能数据都是在 7.2V 电压下测量的。

6. 大型电机

如图 1.1.8 所示，大型电机在无负载的情况下，其转速约为 175r/min，每圈的测量精度

小于 ±3°。大型电机的各种参数如表 1.1.2 所示。大型电机内置的角度传感器可以测量电机的旋转角度和旋转速度，测量的旋转速度值为电机当前速度与最大设计速度的百分比值。大型电机内置的角度传感器对角度和旋转速度的采样率为 100Hz。

图 1.1.8　大型电机

表 1.1.2　大型电机参数

大型电机状态	扭矩（N·cm）	转速（r/min）	电流（mA）
空载	0	175±15%	135±15%
最高效率	8	135±15%	430±15%
失速	25	0±15%	1900±15%

以上所有性能数据都是在 7.2V 电压下测量的。

spike 机器人还兼容 spike 基础套装的传感器和电机，如灯光模块（3×3 彩色矩阵灯）和小型电机，如图 1.1.9 和 1.1.10 所示。

图 1.1.9　3×3 彩色矩阵灯　　　　　图 1.1.10　小型电机

1.1.2　EV3 机器人

1. 主控制器

EV3 机器人的核心是一个可编程的控制器，如图 1.1.11 所示，它拥有 Linux 操作系统，使用的 ARM 9 处理器的主频为 300MHz，闪存为 16MB，随机存取存储器为 64MB，可使用微型 SD 卡（TF 卡），最多可支持 32GB，黑白液晶显示屏的分辨率为 178×128 像素。在 EV3 控制器上，4 个传感器端口分别用 1、2、3、4 标注，4 个电机端口分别用 A、B、C、D 标注，可通过蓝牙与计算机或另一个控制器连接，电源可选择原装的 7.4V 充电电池或 6 个 5 号电池。

图 1.1.11　EV3 主控制器

2. 大型电机和中型电机

图 1.1.12 所示为大型电机，大型电机的转速为 160 ～ 170r/min，旋转扭矩 20 N·cm，失速扭矩为 40 N·cm，大型电机的转速低但旋转力量大。图 1.1.13 所示为中型电机，中型电机的转速为 240 ～ 2500r/min，旋转扭矩为 8 N·cm，失速扭矩为 12N·cm，中型电机的转速高但旋转力量小。大型电机和中型电机都内置了角度传感器，可以测量电机旋转的角度，角度传感器的分辨率为 1°。

图 1.1.12　大型电机　　　　　　　　　图 1.1.13　中型电机

3. 光电传感器

图 1.1.14 所示为光电传感器，光电传感器可以测量物体表面的颜色和反射光强度，以及环境光强度，采样率为 1000Hz。颜色模式下可测量的颜色包括黑色、蓝色、绿色、黄色、红色、白色和棕色，还可以检测无颜色状态。在反射光强度模式中，光电传感器可测量从红灯（即发光灯）反射回来的光强度。在环境光强度模式中，该颜色传感器可以测量从周围环境进入检测窗口的光强度，如太阳光或手电筒的光束。当处于"颜色模式"或"反射

光强度模式"时，为了测量更精确，传感器需正对着物体的表面。适当靠近但不接触正在检测的物体表面，通常这个距离为 8 ～ 10mm。

图 1.1.14 光电传感器

4. 陀螺仪传感器

图 1.1.15 所示是陀螺仪传感器，陀螺仪传感器可以检测单轴旋转的角度，采样率为 1000Hz。如果朝着箭头指示的方向旋转陀螺仪传感器，传感器可检测出旋转的角度和速率。其旋转 90° 的误差为 ±3°，传感器可以测量出的最大旋转速率为 440°/s。

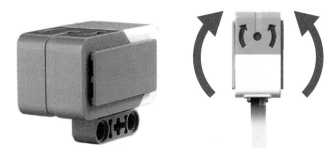

图 1.1.15 陀螺仪传感器

陀螺仪传感器不稳定，角度容易自发性偏移。陀螺仪传感器在插入 EV3 程序块时必须保持传感器静止。

5. 触动传感器

图 1.1.16 所示是触动传感器，触动传感器可以检测传感器的红色按钮何时被按压及何时被松开，采样率为 1000Hz。在机器人中加装触动传感器，当机器人触碰到物体时，触动传感器被按压，机器人可以做出反应，例如，机器人停止移动，或者转弯，实现避障功能。

图 1.1.16 触动传感器

6. 超声波传感器

图 1.1.17 所示为超声波传感器，超声波传感器可以测量与前方物体间隔的距离，采样率为 1000Hz。它是通过发射超声波并测量声波被反射回传感器所需的时间来完成任务的。常规使用的是单位为 cm，测距范围是 3 ～ 250cm，测量精度为 ±1cm。当反馈数值为 255cm 时，那就意味着超出了测量范围，传感器已经检测不出前方任何物体。

图 1.1.17　超声波传感器

7. 其他传感器

EV3 机器人还配有红外传感器、红外信标、温度传感器和声音传感器，除此之外还有第三方厂家为 EV3 机器人生产的传感器，如高性能的光电传感器、力学传感器、指南针传感器等。

对比 EV3 机器人和 spike 机器人，EV3 机器人的主控制器比 spike 机器人的运算速度要快一点，并且 spike 机器人的电机转速也不及 EV3 机器人，但考虑到 spike 机器人的主控制器和电机轻小的特点，在设计成竞赛机器人后，两种机器人的电机和主控制器的综合性能是差不多的，甚至 spike 机器人略占优势。另外，spike 机器人的光电传感器、触动传感器以及内置的陀螺仪传感器的性能均优于 EV3 机器人的传感器，并且内置的加速度传感器更是 EV3 机器人所没有的，所以 spike 的整体性能优于 EV3 机器人。

在机器人竞赛中，机器人大多设计为轮式机器人，大型电机多用于驱动机器人的轮子，中型电机多用于机械臂的驱动，光电传感器用于检测地面和任务模型，超声波传感器用于探测场地上的障碍物，陀螺仪传感器用来记录机器人的方位，触动传感器用来检测机器人是否与物体接触或撞击，通过以上方式机器人可进行场地定位、任务模型的识别以及各种任务的完成。

1.1.3　机器人的数据显示

1. spike 机器人的数据显示

在机器人程序的设计中，需要测量一些由传感器采集的数据，为了获得这些数据，可以通过计算机或机器人的主控制器将这些数据显示出来。

当机器人与计算机成功连接，在 spike 机器人的编程界面可以直接显示连接在主控制器端口上的传感器数据，如图 1.1.18 所示。

图 1.1.18 数据查看

单击主控制器图标按钮📱，弹出的界面如图 1.1.19 所示，在这个界面上不仅可以显示主控制器上 6 个端口的数据，还可以显示电池电量、三轴陀螺仪数据、加速度计数据，通过单击 ⌄ 按钮可以选择传感器不同模式下的数据。

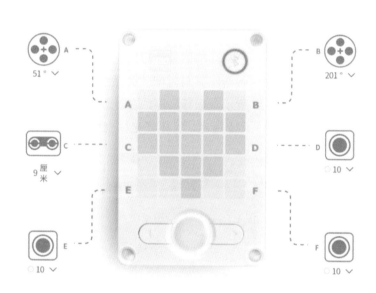

图 1.1.19 更全面的数据查看

定义了新的变量时，在编程界面的右侧会直接显示所有变量的值，如图 1.1.20 所示。

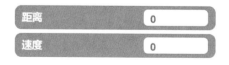

图 1.1.20 显示变量的值

采用编程的方式也可以显示机器人工作时的数据，使用写入模块，如图 1.1.21 所示，写入模块可以显示一段文本，这个文本包括输入的传感器数据和变量，例如，设计一个光电传感器数据显示程序，如图 1.1.22 所示，当程序运行时，可以在计算机端实时显示传感器的数据，如图 1.1.23 所示。

图 1.1.21　写入模块

图 1.1.22　传感器数据显示程序　　　　　图 1.1.23　显示的传感器数据

图 1.1.24 所示是线形绘制模块，绘制线形图模块可以捕获输入的值，这个值包括传感器的值和变量的值，并以指定的颜色线条绘制其与时间的关系图。例如，设计一个可绘制光电传感器数据图像的程序，如图 1.1.25 所示，运行程序，在计算机端可显示光电传感器测量的反射光值与时间变化的图像，如图 1.1.26 所示，其中横坐标表示时间，纵坐标表示光值。

图 1.1.24　线形绘制模块

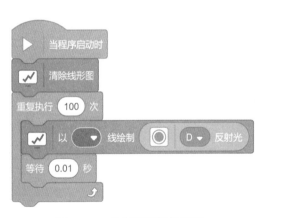
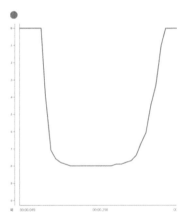

图 1.1.25　绘制线形图的程序　　　　　　图 1.1.26　程序绘制的线形图

2. EV3 机器人数据显示

EV3 机器人的主控制器自带液晶显示屏，很多传感器数据和变量值都可以在这个液晶显示屏上显示。在主控制器的 Port View 模式下可以实时显示所有端口的传感器数据，如图 1.1.27 和图 1.1.28 所示。

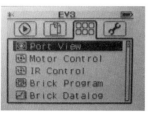

图 1.1.27　选择"Port View"查看数据

图 1.1.28　显示触动传感器数据"1"

EV3 机器人的数据也可以通过程序显示在主控制器上，使用写入模块，如图 1.1.29 所示，可以将传感器数据或变量直接在 EV3 控制器的屏幕上显示，其程序设计示例如图 1.1.30 所示，当程序运行时，在 EV3 控制器的显示屏上会实时显示端口 3 的光电传感器反射光值。

图 1.1.29　两种写入模块

图 1.1.30　程序显示传感器数据

EV3 主控制器的显示屏每行有 178 像素（宽），每列有 128 像素（高）。x 坐标值为显示屏从左到右，范围是 0 ～ 177。y 坐标值为显示屏从顶部到底部，范围是 0 ～ 127，如图 1.1.31 所示。

图 1.1.31　EV3 屏幕

采用 EV3 也可以绘制传感器数值与时间变化关系的图像，使用 EV3 lab 软件设计程序，如图 1.1.32 所示，该程序绘制的是光电传感器随时间变化的图像，程序中的第一个显示模块是在屏幕的中央绘制一条横直线段，然后以此线作为一个"参考线"，参考线在 y 轴的位置是 60，同时光电传感器的数值加 60，使光电传感器的数值相对屏幕整体下移 60，若采集的数据大于 0，则显示在"参考线"的下方，若采集的数据小于 0，则显示在"参考线"的上方。

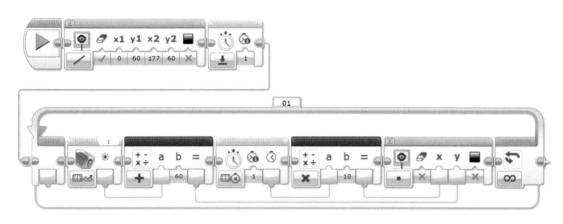

图 1.1.32　EV3 lab 软件程序

试一试

（1）设计程序，通过程序实时显示各传感器的数据。

（2）设计程序，绘制各传感器数据随时间变化的图像。

1.2　伺服电机

学习目标 ✎

（1）知道伺服电机的组成和特点，学会设计程序控制伺服电机的转动。

（2）认识时间模块和循环模块，学会运用时间模块测量循环模块运行的时间。

（3）认识速度、转速、加速度等物理概念，学会运用角度传感器编程控制电机的转动。

（4）知道电机制动的方法，学会设计程序保护电机。

▌1.2.1　伺服电机原理

机器人的运动离不开动力系统，动力系统为实现机器人的移动、机械臂的运动以及其他各种复杂行为提供了重要保障，动力系统还决定机器人动作的稳定性、灵活性、准确性和可操作性，直接影响机器人的整体性能。

乐高机器人动力系统的核心是伺服电机，其中包括大型电机、中型电机和小型电机。伺服电机内置了有刷直流电机、角度传感器（旋转编码器）和减速齿轮机构，不仅具有正转和反转、从低速到高速的连续变速旋转的功能，还可以利用内置的角度传感器实时测量电机旋转的角度和速度，从而精准控制电机按指定角度、速度进行旋转和制动。伺服电机可以让机器人的运动更加精准可控且灵活自如。

有刷直流电机是一种使用非常广泛的电机，由转子、定子（永磁体和外壳）、永磁体、电刷、换向器和外壳组成，如图 1.2.1 所示。转子是电机中央可以旋转的部分，定子包括可以提供磁力的永磁体和外壳；当电机反接电源的正负极时，会改变电机的旋转方向，电机转速与施加的电压成正比，电机驱动力（转矩）与电流成正比，转速与负载大小成反比，电机的主要特性呈线性变化，易于控制。

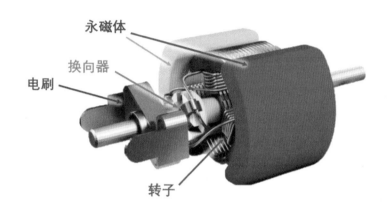

图 1.2.1　有刷直流电机

有刷直流电机对突然加速和减速的反应十分迅速，可以较平滑地旋转。有刷直流电机本身不具备恒速旋转的能力，它的转速可以随着线圈的外加电压和负载的变化而变化，为了实现匀速旋转，需要使用角度传感器对电机转速进行控制。

机器人往往不需要伺服电机有很高的转速，但是需要有较大的驱动力，所以伺服电机的内部添加了减速机构，根据伺服电机的形状和功能设计要求，其减速机构通常有多级齿轮减速和行星齿轮减速。如果在机器人设计中确实需要较大的转速，可以使用伺服电机搭配齿轮加速机构来获得高转速。

1.2.2　电机编程模块

伺服电机的编程控制主要面向电机的功率、旋转角度和旋转速度，其基本的编程模块如表 1.2.1 所示，其中每一行的编程模块功能相同。当然还有很多其他更智能的电机模块，使用这些模块会提高机器人的运动性能。

表 1.2.1　基本的单电机编程模块

功能	spike 电机模块	EV3 电机模块
启动功率	A ▾ 以 100 % 的功率启动电机	A ▾ 以 100 % 的功率启动电机
角度重置	A ▾ 将相对位置设置为 0	A ▾ 重置运转度数
旋转角度	A ▾ 相对位置	A ▾ 运转度数
旋转速度	A ▾ 速度	A ▾ 速度
启动速度	A ▾ 以 100 % 的速度启动电机	A ▾ 以 75 % 的速度启动电机

　　电机功率的参数是以电机最大功率的百分比来设置的，其参数范围是 -100 ～ 100，如功率 50 表示电机最大功率的 50%，正负号表示旋转的方向，功率为 0 则表示停止向电机供电。旋转角度控制包含重置旋转角度和旋转角度测量，重置旋转角度指的是重置当前电机的角度为 0°，旋转角度测量模块可以用来测量电机实时旋转的角度，角度值大于 0 表示电机正转，角度值小于 0 表示电机反转。

　　电机的控制分单电机控制和双电机控制两种，双电机模块如图 1.2.2 所示。双电机模块与单电机模块的编程方法类似，但双电机模块更多用于机器人的移动控制中，双电机模块也可以实现功率、速度、角度、圈数和秒数的控制。在机器人竞赛中使用双电机模块可以让程序编写更简单。

　　（a）spike　　　　　　　　　　　　　　　（b）EV3

图 1.2.2　双电机模块

　　常规的电机停止模式有"惯性滑行"和"保持位置不动"，spike 机器人还有一种特殊的停止模式——制动，即给电机添加摩擦阻力，其制动效果为电机可以旋转，但有较大的阻力，直至电机停止旋转。电机停止的编程模块如表 1.2.2 所示，其中，spike 的"保持位置不动"模式与"保持位置"模式的功能相同。

表 1.2.2　电机制动模块

功能	spike 电机停止模块	EV3 电机停止模块
关闭电机	A ▾ 关闭电机	A ▾ 停止电机
制动模式	A ▾ 将电机设置为停止时 制动 ▾ 制动 保持位置不动 惯性滑行 (float)	A ▾ 将电机设置在停止处 保持位置 ▾ 保持位置 惯性滑行 (float)

使用这些电机编程模块可以实现对电机的任意控制，例如，让电机以功率 80 正向旋转，当旋转的角度大于 360° 时，电机保持位置不动，最后显示电机实际旋转的角度，其程序设计如图 1.2.3 所示。

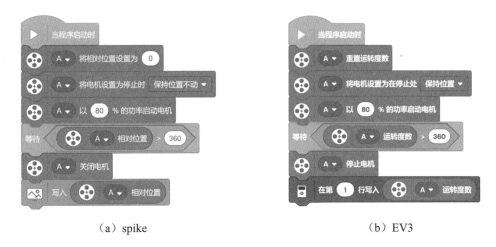

（a）spike　　　　　　　　　　　　（b）EV3

图 1.2.3　电机旋转的程序

任务探究 1

A 电机以功率 50 旋转 1000° 后停止，然后 B 电机再旋转 1 圈，其程序设计如图 1.2.4 所示，在 A 电机旋转的过程中，使用外力阻止其旋转，该电机模块后面的程序还会运行吗？

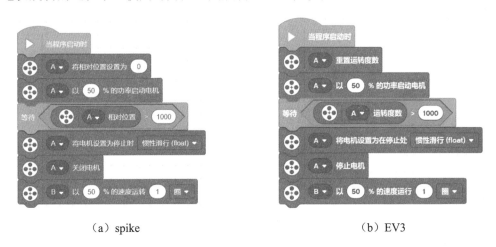

（a）spike　　　　　　　　　　　　（b）EV3

图 1.2.4　电机旋转测试程序

通过探究发现，当 A 电机被卡住不转时，由于电机还没有旋转到设定的角度，所以该电机模块的程序命令也就无法执行结束，导致后面的程序无法运行。对机器人来说这是非常危险的，既容易损坏电机，也不能让后面的程序正常运行。在机器人竞赛中，这样的现象常发生于机械臂被卡住而未能旋转到指定位置，机器人撞击到墙壁或是任务模型，以及地面摩擦力过大使得驱动轮电机未能旋转到指定位置时，这些情况都会导致后面的程序不能运行，机器人就会卡在那个地方不动。

因此，若要使用电机旋转至指定位置的程序控制方式，一定要确保电机能够转到相应的位置，也可以通过以下改进的方法，提高程序运行的可靠性。

方法 1

启用电机速度控制，当速度小于阈值时，说明旋转的电机遇到阻力，程序自动控制电机停转，程序设计示例如图1.2.5所示，其中参数"3"即为速度阈值，程序中的等待模块的时间设置为0.35s，作用是让电机旋转到较高转速时再启动旋转速度的检测，具体详细内容参见1.2.8节。

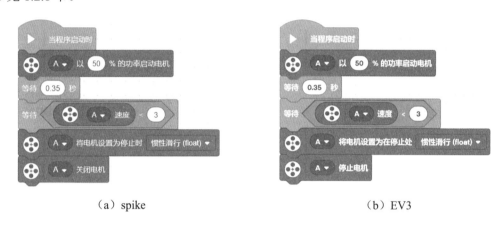

（a）spike　　　　　　　　　　　　　　（b）EV3

图 1.2.5　电机自动停转的程序

采用速度控制电机旋转是最常用的一种程序设计方法，可用于机械臂系统和机器人移动的控制中。采用速度控制电机旋转，速度阈值的设置是关键，例如，在机械手的控制中，控制电机速度的阈值越小，机械手的力量越大；阈值越大，则机械手的力量越小，但过大的阈值容易发生电机随意停止的风险。所以阈值设置需要经过多次测试，以保证程序控制的稳定。

方法 2

使用时间来控制电机旋转，由于时间是不会停止的，即使旋转中的电机被卡住，只要时间一到，该电机的程序就会运行结束。程序设计示例如图1.2.6所示，必要时也可以采用电机旋转指定角度和电机旋转指定时间组合的方法。

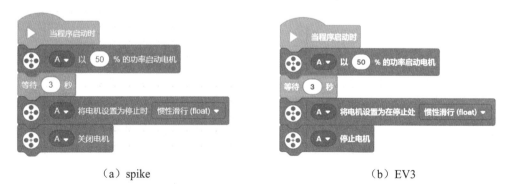

（a）spike　　　　　　　　　　　　　　（b）EV3

图 1.2.6　电机旋转指定时间的程序

使用时间控制电机旋转不能精确控制电机旋转的角度，所以这样的方法常用于精度不高的场景。也可以用于机械限位的机械臂系统和机器人的撞击定位，给电机设置充足的运行时间，保证机械臂系统和机器人能够运动到被限定的位置。

方法 3

设置电机旋转到指定角度的位置，同时采用计时器开始计时电机旋转的时间，如果电机旋转到指定角度位置或超过控制的总时间，则电机停止旋转，程序设计示例如图 1.2.7 所示。

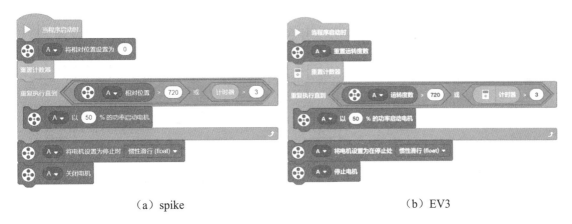

（a）spike　　　　　　　　　　　　　　　（b）EV3

图 1.2.7　超时电机制动的程序

有的任务需要机械臂旋转较多的圈数，难以进行机械限位，若是单纯采用时间控制，可以避免电机卡住的风险，但程序中必须设置足够多的时间，容易造成时间的浪费。采用速度和时间联合控制电机旋转，若电机被卡住或旋转超时，直接放弃该任务，机器人仍可以完成接下来的任务。

任务探究 2

分别启动电机功率模块和电机速度模块来控制电机的旋转，程序设计示例如图 1.2.8 和图 1.2.9 所示，先后运行这两个程序，用手阻碍旋转中的电机，阻碍但不阻止，比较两种程序控制下的电机旋转效果。

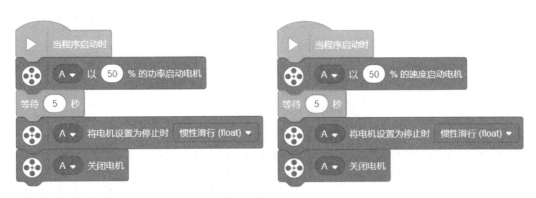

图 1.2.8　功率控制和速度控制的程序（spike）

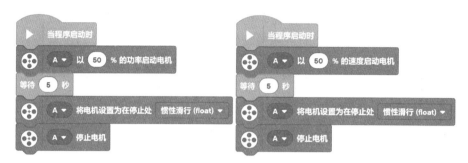

图 1.2.9　功率控制和速度控制的程序（EV3）

采用功率控制电机旋转时，如果旋转中的电机遇到了阻力，其转速会迅速减小，容易停止旋转。但采用速度控制电机旋转时，如果电机遇到阻力，则程序会自动对电机的功率进行补偿，使电机的转动尽可能维持在设定的旋转速度上。

任务探究 3

设计程序，将电机停止模式分别设置为"制动""保持位置不动"和"惯性滑行"，比较三种制动的效果，程序设计示例如图 1.2.10、图 1.2.11 所示。

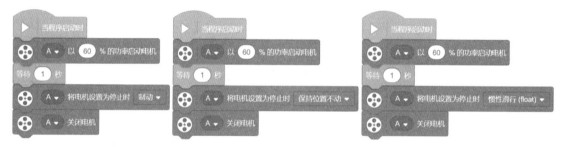

图 1.2.10　电机"制动""保持位置不动"和"惯性滑行"的程序（spike）

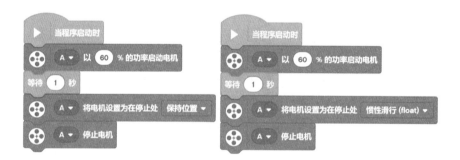

图 1.2.11　电机"保持位置不动"和"惯性滑行"的程序（EV3）

在"制动"模式下，当电机旋转到某个角度时，程序会控制电机进行减速制动，即增大电机的旋转阻力，电机会迅速停止，但使用较大的外力仍可以旋转电机。

在"保持位置不动"模式下，电机停止旋转后会保持在某个位置不动，即使用手也很难转动电机。例如，当电机停在某个角度时，用手顺时针旋转电机，会感受到很大的阻力，松开之后，电机则会自动逆时针旋转到之前的角度。

在"惯性滑行"模式下，当电机旋转到某角度时，主控制器停止向电机供电（仍向角度传感器保持供电），由于惯性，电机可能还会继续旋转一定角度才能停下来。

1.2.3 时间与循环

机器人的运动一定有时间的参与，例如，机器人从当前位置运动到另一个位置，如果机器人运动得快，则需要的时间就短，如果机器人运动得慢，则需要的时间就长一些，所以，控制机器人的运动经常离不开对时间的编程，这就需要用到时间模块，如表 1.2.3 所示，时间模块对时间的测量精度可达到 1ms。

表 1.2.3　时间模块

功能	spike 时间编程模块	EV3 时间编程模块
时间重置	重置计数器	重置计数器
时间测量	计时器	计时器
时间单位	秒	秒

任务探究

运用时间模块测量循环模块循环一次所需要的时间是多少。

由于单次的循环时间未知，可猜测单次循环的时间可能很小或为 0（小于某极限值），因此，单次循环时间的测量不仅是判断循环需不需要时间，若单次循环需要时间，还要测出单次循环的时间是多少。

为了避免测量的偶然性，提高测量精度，减小测量误差，可以通过多次测量的方法，即测量 1000 次、10000 次、100000 次或更多次循环的总时间，然后计算平均数，获得单次循环时间，程序设计如图 1.2.12 所示。

（a）spike　　　　　　　　（b）EV3

图 1.2.12　测量循环时间的程序

当循环模块的内部无编程模块时，EV3 机器人循环 10000 次的总时间约为 0.4s，即单次循环时间约为 0.00004s，用同样的方法测量 spike 机器人循环 10000 次的总时间约为 2.459s，则单次循环的时间约为 0.0002s。当在循环模块内部添加编程模块时，单次循环的时间会增加，尤其添加电机模块，其单次循环时间约增加 10 倍。

单次循环时间反映了机器人的中央处理器的性能和程序复杂度，对同一个程序，单次循环时间越少，处理器运算速度越快，性能越好。但对于这两种机器人，在学习和竞赛中，其运算速度都能够满足机器人设计的需要。

以上探究说明，在进行机器人程序设计时，一定要尽可能简化程序，不必要的循环程序可以终止运行，以此保障机器人有较快的程序运行速度和效率。

试一试

在循环模块内添加电机、变量等编程模块，测试循环模块循环一次的时间是多少？

1.2.4　电机的变速控制

要准确地描述一个物体的位移快慢，需要引入一个概念——速度，速度指的是物体在单位时间内通过的路程。可表示为

速度 ＝ 路程 ÷ 时间

若用 v 代表速度，s 表示路程，t 表示时间，则速度公式可表示为：

$$v=\frac{s}{t}$$

速度的常用单位是 m/s，读作米每秒，换算关系：1m/s=100cm/s=3.6km/h。

从速度的定义出发，如果要探究一个物体运动的速度，就需要测量物体通过的路程和通过这段路程所用的时间。

如果物体直线运动的速度随着时间越来越大，这就是加速运动。例如，一辆小车在笔直的公路上行驶，每隔 1s 测量小车的速度，其速度变化为 5m/s、10m/s、15m/s……，这就是匀加速直线运动，小车每秒增加的速度为 5m/s，这就是小车的加速度，记为 5m/s²，读作"五米每秒的平方"。生活中，从斜面上滚落的小球、自由下落的苹果、加速行驶的火车、正在地面加速即将起飞的飞机，等等，这些都可以近似看成是匀加速直线运动。

如果物体直线运动的速度随时间越来越小，这就是减速直线运动，若物体每秒减小的速度相同，就叫作匀减速直线运动。

电机的加速旋转可以通过单位时间内增加恒定的速度或功率来实现，即在单位时间内增加相同的速度或功率，例如，让电机每间隔约 0.05s 功率增加 1，即第一个 0.05s 内功率为 1，第二个 0.05s 内功率为 2，第三个 0.05s 内功率为 3……，其程序设计示例如图 1.2.13 所示。

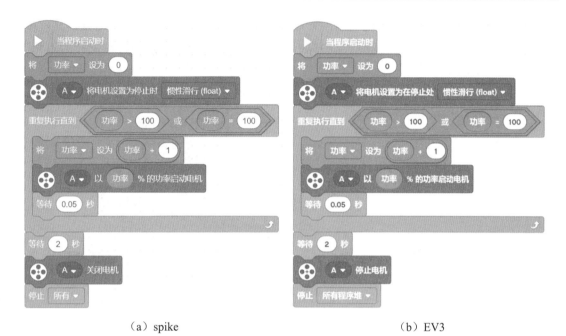

（a）spike   （b）EV3

图 1.2.13 电机加速的程序

这里使用了等待时间模块，由于循环本身也需要时间，所以电机功率增加的时间间隔大于 0.05s。若需要精确的时间控制，可以使用计时器模块来设计程序，如图 1.2.14 所示。

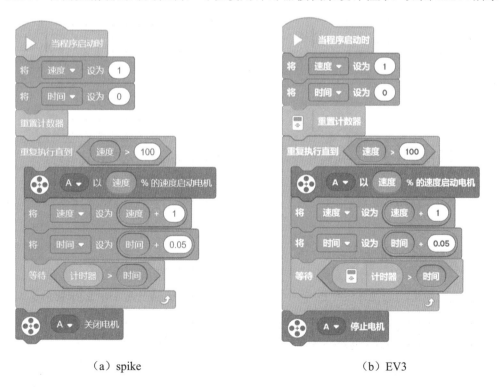

（a）spike   （b）EV3

图 1.2.14 计时器模块控制循环时间的程序

除了使用计时器模块控制电机速度，还可以采用旋转角度控制电机的速度，其程序设计示例如图1.2.15所示，使用这种控制方法可以准确获得电机在加速过程中旋转的总角度。

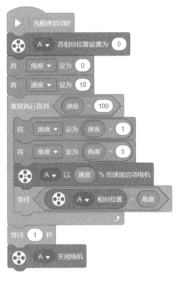

（a）spike

（b）EV3

图1.2.15　旋转角度控制电机速度的程序

根据以上程序，电机速度每增加1，则电机旋转的角度就会增加5°，通过计算，电机从速度10m/s加速到100m/s的过程中，电机旋转的总角度为

$$（100-10）×5°+1°=451°$$

由于判断条件 需要电机实际旋转角度大于变量计算的角度，并且角度传感器测量的角度数据都是整数，所以上式在计算总角度时还需要加1°。

试一试

（1）设计程序，电机每间隔0.08s速度减小1，让电机速度从100减小到0。

（2）设计程序，采用旋转角度控制电机的速度，让电机逐渐减速至停止，并计算电机在减速过程中旋转的总角度。

1.2.5　模拟匀加速运动

匀加速直线运动的物体受到的牵引力是恒定不变的，加速度越小，意味着牵引力越小，较小且恒定的牵引力有利于物体内部的受力稳定，正如火车在启动时以很小的加速度做匀加速直线运动，在车厢的桌上放置一杯水，不仅水杯不会倒，水杯内部的水面也不会有明显晃动。

理想的匀加速直线运动是难以实现的，若采用时间来控制电机做匀加速旋转，则难以精确计算出机器人移动的距离。为此，可以采用角度控制电机近似做匀加速旋转。匀加速直线运动的路程与加速度、速度的关系为

$$s = \frac{1}{2a} \cdot \left(v_{\overset{}{\text{末}}}^2 - v_{\overset{}{\text{初}}}^2 \right)$$

其中，s 表示物体移动的路程；a 表示物体移动中的加速度；$v_{\text{末}}$ 表示物体运动到终点时的速度；$v_{\text{初}}$ 表示物体运动开始时的初始速度。

在电机匀加速旋转的过程中，路程 s 可对应电机旋转的角度，初速度 $v_{\text{初}}$ 对应电机的初始旋转速度，速度 $v_{\text{末}}$ 对应电机在一次程序循环中需要达到的旋转速度。$\frac{1}{2a}$ 为机器人的加速系数，这个系数越小，加速度越大，电机加速越快。在一次程序循环中，电机模拟匀加速的算法可表示为

电机旋转的角度 = 系数 ×（当前速度 ^{2}– 初速度 ^{2}）

当电机的功率非常小时，电机可能会没有足够的力量旋转起来，所以电机启动的初速度一般在 10m/s 以上，模拟匀加速旋转的程序设计如图 1.2.16 所示。

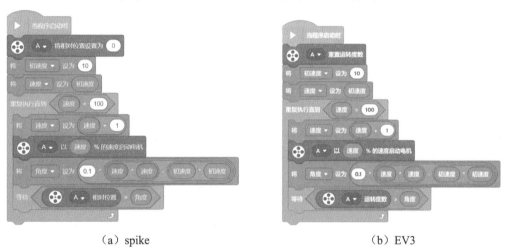

（a）spike （b）EV3

图 1.2.16　模拟匀加速旋转的程序

根据以上程序，电机的速度从 10m/s 加速到 100m/s，理论计算电机在加速过程中旋转的角度为

$$0.1 \times \left(100^2 - 10^2 \right) + 1° = 991°$$

对于电机匀减速运动模拟的控制，为了保证计电机旋转角度的数值为正值，则在一次程序循环中电机模拟匀减速运动的算法可表示为

电机旋转的角度 = 系数 ×（初速度 ^{2}– 当前速度 ^{2}）

1.2.6　拓展阅读：匀加速直线运动方程

若一辆小车初速度 $v_{\text{初}}$ 为 10m/s，然后做匀加速直线运动，每秒的速度增加 2m/s，即小车的加速度 a 为 2m/s^2，其速度与时间的关系为

$$v = v_{\text{初}} + at$$

其中，v 表示小车速度，$v_{初}$ 表示初速度，a 表示加速度，t 表示时间。

小车运动的路程与时间的关系为：

$$s = v_{初}t + \frac{1}{2}at^2$$

则小车运动的路程与初速度、末速度的关系为

$$2as = v_{末}^2 - v_{初}^2$$

$$s = \frac{1}{2a}\left(v_{末}^2 - v_{初}^2\right)$$

试一试

设计程序，让电机做减速运动，电机的速度从100减速到20，减速过程中，电机允许旋转的角度为360°。

1.2.7 电机转速的测量

生活中，电风扇可以通过换挡来改变扇叶转动的快慢；汽车的仪表盘安装了转速表，用来显示汽车发动机转动的快慢，而汽车轮子转动的快慢又直接决定汽车行驶的速度；缓慢转动的摩天轮大约需要10min才能转动一圈。有的物体转动得快，而有的物体转动得慢，那么我们怎样才能准确描述物体转动的快慢呢？物体转动的快慢又如何进行测量呢？

转速可以用来描述物体转动的快慢，指的是物体在单位时间内转动的圈数，常用的单位是 r/min，读作转每分钟，换算关系为1r/s=60r/min。计算方法是物体在一定时间内转动的圈数与这段时间的商，可表示为

$$转速 = 圈数 \div 时间$$

用 v 表示物体的转速；n 表示转动的圈数；t 表示转动的时间，则转速还可以表示为

$$v = \frac{n}{t}$$

任取一个伺服电机，在伺服电机上安装一个轮子，设计程序，运用伺服电机内置的角度传感器测量电机在100功率下的转速，测量方法如图1.2.17所示。

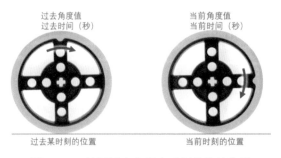

图 1.2.17 轮子过去和现在时刻的旋转位置

根据转速的定义，并将转速单位由"角度 /s"转换为"r/min"，则有

$$转速 = \frac{当前角度值 - 过去角度值}{360} \div \frac{当前时间 - 过去时间}{60}$$

$$转速 = \frac{当前角度值 - 过去角度值}{当前时间 - 过去时间} \times \frac{1}{6}$$

为了及时准确地测量电机的转速，可将过去时刻到当前时刻的时间间隔设置在 0.05 ～ 0.1s，时间间隔过小，转速测量不稳定，时间间隔过大，不能及时测量电机的转速。根据以上分析，电机转速测量的程序设计如图 1.2.18 所示。

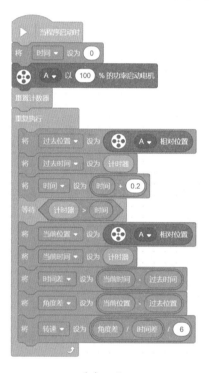

（a）spike　　　　　　　　　　　（b）EV3

图 1.2.18　电机转速测量的程序

运用以上程序测量各种电机在 100 功率下的空载转速，并将测量的转速记录到表 1.2.4 中。

表 1.2.4　各种电机在 100 功率下的空载转速

电机	spike 中型电机	spike 大型电机	EV3 中型电机	EV3 大型电机
转速 （r/min）				

在机器人的编程模块中有专门测量电机转速的模块——速度模块，如图 1.2.19 所示，速度模块已经将电机的转速换算为百分比模式，它可以大致反映电机的旋转速度。

图 1.2.19　速度模块

1.2.8　拓展阅读：电机堵转

电机通常有空载、负载和堵转（卡住不转）三种状态。空载是指电机不带负荷的旋转状态，这时候电机的转速最快；负载是指电机带有负荷下的转动，由于负载会产生阻力，这时候电机的转速会比空载时的转速低，阻力越大，转速越低；堵转是指电机由于负载过大或机械故障等因素导致无法启动或停止转动的现象，但此时电机依然有电流（电流很大），堵转非常危险，过大的电流会产生很多的热量，非常容易烧毁电机。

例如，使用 EV3 机器人、能量计和 lab 软件，测试一个乐高普通电机从正常的空转状态到堵转状态时内部电流、电压和功率的变化，如图 1.2.20 所示，从图像中可以看到，0～1.4s 电机是空载状态，1.4～3.8s 是电机被卡住的过程，3.8s 以后电机是空载状态。即电机在空载时，电流（黄色线）较小，功率（绿色线）也较小；当电机卡住不转时，电流陡然上升，功率也迅速增大，电机卡住时的电流是空载状态下的 20 多倍。电机在卡住不转时，电流是非常大的，这时候电能全部转化为热量，使电机内部线圈的温度迅速上升，很容易烧坏电机。

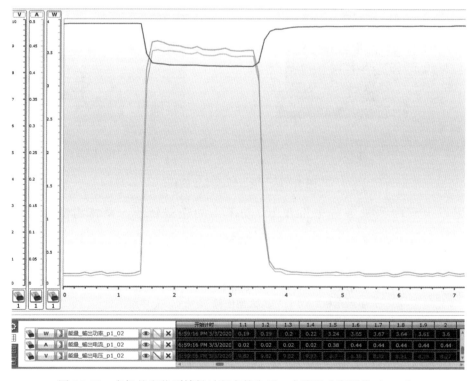

图 1.2.20　电机从空载到堵转过程中的电压、电流和功率图像（EV3）

实际工作中的电机会带有负载，这时电机的转速往往比空载时的转速要低，而且当电机的负载增加时，电机的输出力量会增大。

由于某些机械臂的旋转角度有限，在使用电机驱动机械臂时，电机容易处于堵转的状态而难以发现。为了保护电机，需要设计电机保护程序，当检测到电机堵转时，通过程序自动关闭电机。

正常旋转的电机会有转速，而堵转的典型现象是电机的转速为 0，当然电机在不工作时的转速也为 0，并且电机的启动是电机转速从 0 逐渐增大的过程。通过程序可以测试出电机启动过程中的转速变化，其测试程序如图 1.2.21 所示。图 1.2.22 是电机启动时的速度变化图，图中显示的是电机空载启动过程中的速度变化，从图中可以看出，整个启动过程所用的时间不超过 0.35s，并且在 0.2s 时电机已经达到目标速度的一半以上。

图 1.2.21　电机启动程序（spike）

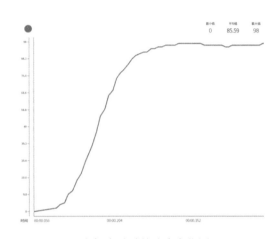

图 1.2.22　电机启动时的速度变化图（spike）

为了避免电机的启动对堵转检测的影响，在启用保护程序时，可以让电机在启动时先转一会儿，这个时间可以设置为 0.2 ～ 0.35s。等电机有了较高的转速以后，再启用保护程序，保护程序检测电机的转速，当电机的转速为 0 或接近 0 时，关闭电机。其程序设计如图 1.2.23 所示。

（a）spike

（b）EV3

图 1.2.23　电机保护程序

电机在正常供电状态下，旋转速度的阈值设置得越小，电机停转时的旋转力量越大，通过改变阈值的大小可以控制机械手的抓取力量。对于常规的机械臂的控制，电机旋转速度的阈值一般为 2 ～ 20，电机旋转的速度阈值过大不利于堵转检测，阈值过小，电机的旋转力量过大，且电机处于低速转动，这些对电机和机器人结构都有不利的影响。

1.3 传感器

学习目标 ✎

（1）认识光的传播规律以及光电传感器原理。

（2）掌握光电传感器的各种测量模式，学会运用光电传感器进行编程。

（3）理解反射光强度与测量距离、灰度、颜色等元素的关系。

（4）知道光值标准化的概念，学会设计程序进行光值的标准化。

（5）认识陀螺仪传感器和加速度传感器，学会运用这些传感器控制机器人的运动。

▌1.3.1 光电传感器原理

光在真空或是空气、玻璃、水等透明均匀介质中都是沿着直线传播的，如图 1.3.1 所示，但是，当光照射到物体的表面时会发生反射，正因为有物体的反射光到达了我们的眼睛，我们才能够看见那些不发光的物体。例如，我们能够看到遥远的月球，也是因为月球表面的反射光（来自太阳）到达了我们的眼睛。光在物体表面的反射如图 1.3.2 所示，从图中可以看出：反射角等于入射角，其中法线为垂直于物体表面的辅助线。

图 1.3.1　光的直线传播

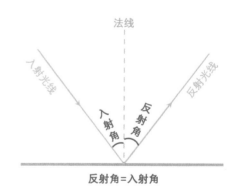

反射角=入射角

图 1.3.2　光的反射示意图

光照射到不同的物体会有不同的现象，例如，镜子会反射光，玻璃会透射光，黑色的衣服会特别容易吸收光。其实所有的物体都吸收光，只是吸收多少的区别。有的物体吸收了光以后温度会迅速上升，有的物体吸收了光会产生电，还有的物体吸收了光以后其自身电阻值会发生变化，影响电路中电流的大小，这就是光敏电阻，光电传感器就是利用光敏电阻的这一特性设计而成的，通过对电流大小的检测可以反映接收的光的强弱。

　　光电传感器一般有四种测量模式：环境光测量、反射光测量、颜色测量和原始光测量。在环境光测量模式下，将光电传感器对着环境，光电传感器可以检测环境光的强度，以此判断环境的亮暗程度；在反射光测量模式下，光电传感器通过自身发出的光照射到物体表面上来测量反射回来的光的强度，以此来判断物体表面的灰度；在颜色测量模式下，光电传感器发出白光，白光混合了红光、绿光和蓝光，通过测量反射回来的红光、绿光和蓝光的亮度比例，从而判断物体的颜色。例如，如果物体的表面是红色，在白光的照射下，白光中的绿光和蓝光会被吸收一部分，而红光被反射，所以红色物体的表面反射的光中红光比例会高一些。

光的三基色：红光、绿光、蓝光

　　太阳光的可见光部分是由红、橙、黄、绿、蓝、靛、紫七种色光组成的，这七种颜色的光又可以合成白色光。一般来说，一个物体之所以显示某种颜色，是因为它反射了这种颜色的光而吸收了其他颜色的光。例如，红色的花反射红色的光，同时吸收了其他颜色的光。随着人们对光的不断研究，人们又发现红光、绿光和蓝光按不同比例可以合成各种不同颜色的光，所以这三种色光又称为三基色光，红光、绿光和蓝光按等比例混合可以合成白色光，如图 1.3.3 所示，其中红光和绿光可以合成黄光，红光与绿光可以合成品红色光，绿光和蓝光可以合成青色光。

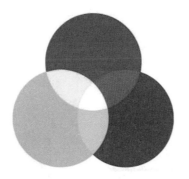

图 1.3.3　红光、绿光与蓝光的混合

　　当然，太阳光除了有看得见的各种颜色的光之外，还有看不见的光，如红外线、紫外线以及各种射线。

1.3.2　光电传感器编程

　　光电传感器是用来获取各种光值数据的传感器，根据这些光值数据可以控制机器人做出相应的动作。其主要的编程模块有环境光测量模块、反射光测量模块、颜色测量模块和原始光测量模块，如图 1.3.4 和图 1.3.5 所示。其中反射光测量和环境光测量都是按 0 ～ 100

的百分比来表示光值大小。

图 1.3.4　spike 的光电传感器模块

图 1.3.5　EV3 的光电传感器模块

spike 机器人测量的颜色有黑色（0）、紫色（1）、蓝色（3）、浅蓝（4）、绿色（5）、黄色（7）、红色（9）、白色（10）和无颜色（-1），其中括号里的数字指的是相应颜色的编号。EV3 机器人测量的颜色有黑色（1）、蓝色（2）、绿色（3）、黄色（4）、红色（5）、白色（6）、棕色（7）和无颜色（0）。

spike 机器人的光电传感器还可以测量物体表面反射回来的原始红光、绿光或蓝光的光值，其光值范围为 0 ～ 255。

任务探究

探究不同物体表面的原始光值。

选择 spike 光电传感器，使用原始光模块，分别开启红色、绿色和蓝色检测模式，在相同的测量距离下，依次探究白色、红色物体表面对应的原始光值，如图 1.3.6 所示。同时对比红色和白色表面在反射光模式下的光值大小。

将光电传感器分别对准图中的白色区域和红色区域，光电传感器与测量表面保持约 8mm 的距离，这相当于一个乐高单位的长度。设计测光程序，如图 1.3.7 所示，将光电传感器的光值通过变量显示出来，并将数据记录到表 1.3.1 中。

图 1.3.6　红色与白色区域

图 1.3.7　测光程序

表 1.3.1　光值数据

光电传感器模式			
项目	原始光模块 红色检测模式	原始光模块 绿色检测模式	原始光模块 蓝色检测模式	反射光模式
白色表面光值	255	255	255	99
红色表面光值	233	76	98	99

根据实验数据可以得出，在反射光模式下难以区分白色表面和红色表面（使用颜色模式进行检测可以区分），但使用原始光模块，开启绿色或蓝色检测，可以明显区分白色表面和红色表面。在光电传感器的白光照射下，白色物体的表面反射红光、绿光和蓝光，而红色表面反射更多的是红光，大部分的绿光和蓝光被吸收了。所以使用原始光模块的绿色或蓝色检测模式能够区分白色和红色表面。这在机器人竞赛中非常有用，若场地有红线或红白边界，采用以上方法可以让机器人以比例或 PID 算法进行巡线。

试一试

使用原始光模块，分别开启红色、绿色和蓝色检测模式，在相同的测量距离下（约8mm），依次探究绿色、蓝色和黑色物体表面对应的原始光值，如图 1.3.8 所示，同时测量绿色、蓝色和黑色表面在反射光模式下的光值大小，并将所有数据记录到表 1.3.2 中，根据表中的数据可以归纳出什么结论？

图 1.3.8　绿色、蓝色和黑色

表 1.3.2　光值数据

项目	光电传感器模式			
	原始光模块 红色测量模式	原始光模块 绿色测量模式	原始光模块 蓝色测量模式	反射光模式
绿色表面				
蓝色表面				
黑色表面				

1.3.3　反射光强度

任务探究 1

本节探究光电传感器测量白色表面的反射光强度与检测距离的关系。

光电传感器测量的反射光强度与测量方式、物体表面特征有关，从测量方式来说，测量距离和测量的角度都会影响反射光值，例如，当光电传感器正对着物体表面进行反射光测量时，测量的效果最好，若倾斜测量，反射光值会偏小。在相同的测量方式下，物体表面的颜色和平整光滑的程度也会影响测量的反射光值。

设计一个可调节距离的测光装置，设计示例如图 1.3.9 所示，将光电传感器安装到装置上，在计算机端直接读取光电传感器的反射光值，并将光值记录到表 1.3.3 中。

图 1.3.9　可调节距离的测光装置

表 1.3.3　光值数据

测量距离 /mm	spike 光电传感器	EV3 光电传感器
0		
1		
2		
3		
4		
5		
6		
7		
8		
9		
10		
...		

在探究过程中，仔细观察会发现，光电传感器发出的光不是平行光，而是向外发散出去的，所以在同一个物体表面，不同的照射距离会影响光的接收，距离越大，接收到的反射光越少。对于 spike 的光电传感器，发光的灯环绕着光接收窗口，如图 1.3.10 所示，随着测量距离的减小，光值会逐渐变大，当测量距离小到一定程度时，光值达到最大，并不再改变。对于 EV3 机器人的光电传感器，当测量距离较大时，随着测量距离的减小，光值会逐渐变大，在特别近的某一位置时，由于发光的灯与光接收窗口是分离设计，如图 1.3.11 所示，随着测量距离的再次减小，反射光基本上都回到了灯的附近，而很少有反射光进入接收窗口，所以测量的反射光值会变小。

图 1.3.10　spike 的光电传感器

图 1.3.11　EV3 的光电传感器

在机器人竞赛中，场地可能会不平整，光电传感器在测量场地表面的反射光强度时，spike 机器人的光电传感器与物体表面保持 8 ～ 16mm 的距离，EV3 机器人的光电传感器与物体表面保持约 8 ～ 12mm 的距离。

任务探究 2

探究不同灰度物体表面的反射光强度和不同颜色物体表面的反射光强度。

灰度色是指纯白、纯黑以及两者中的一系列从黑到白的过渡色，如图 1.3.12 所示。图 1.3.13 所示为彩色图案。开启光电传感器的反射光强度模式，将光电传感器以约 8mm 的高度对着图 1.3.12、图 1.3.13 中的灰度色和彩色，光电传感器从左向右缓慢移动，测量不同颜色表面的反射光强度，并将反射光值记录到表 1.3.4 中。

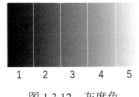

图 1.3.12　灰度色

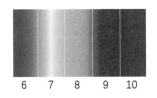

图 1.3.13　彩色

表 1.3.4　反射光强度的变化

检测区域	spike 光电传感器	EV3 光电传感器
1		
2		
3		
4		
5		
6		
7		
8		
9		
10		
...		

通过探究发现，在探究反射光强度与灰度关系的实验中，当其他条件相同时，颜色越深，测量的反射光值越小。

物体表面的颜色越深，说明它对光的吸收能力越强，反射光就越少。当光照射到白色物体表面时，大部分光会反射出去，很少被吸收；若照射到物体表面的光被吸收了，几乎没有反射光到达我们的眼睛，这就是我们"看到"的黑色。

当被检测物体的表面是彩色时，不同颜色区域的反射光强度也是不同的，其中红色、橙色和黄色表面测量的反射光值较大，而绿色、蓝色和紫色表面测量的反射光值较小。

1.3.4 光值的标准化

同型号的光电传感器之间的测光性能可能存在差异，这给机器人的编程带来一些麻烦。由于编程往往不需要实际的光值大小，只需要光值的百分比，为了统一各光电传感器的光值，可以通过程序将光值按百分比进行标准化。

试卷分数的标准化

光值的标准化过程类似于将试卷得分百分化，通常一份试卷的满分为 100 分，若有一份试卷满分为 80 分，若考试成绩为 72 分，则这个分数相当于标准试卷 100 分的多少分？

可以先计算 72 分在 80 分中所占的比例，然后再与 100 分相乘，即可获得标准化分数。

$$100 \times \frac{72}{80} = 90（分）$$

选择一块白色区域和黑色区域，如图 1.3.14 所示，以白色区域测量的反射光值作为最大光值，黑色区域测量的反射光值作为最小光值。

图 1.3.14　白色和黑色区域

将光电传感器的反射光值按百分制进行光值标准化，可表示为

$$标准化光值 = 100 \times \frac{测量值 - 最小光值}{最大光值 - 最小光值}$$

用光电传感器分别测量白色和黑色的反射光值，例如，使用光电传感器测得白色区域的反射光值为 83，黑色区域的反射光值为 3，则传感器的实际测量范围为 3 ～ 83。若光电

传感器测量黑白边界上的反射光值的"测量值"为 67，则按百分制标准化后的光值为

$$标准化光值 = 100 \times \frac{67-3}{83-3} = 80$$

即该光电传感器的测量值 67 对应的标准化光值为 80。运用程序对实时测量的反射光值进行标准化，其程序设计示例如图 1.3.15 所示。

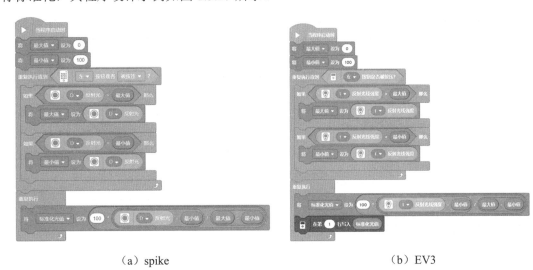

（a）spike   （b）EV3

图 1.3.15　光值标准化程序

运行程序，将光电传感器正对黑白边界区域，左右移动光电传感器，移动过程中，光电传感器的高度不变，分别测量白色区域的反射光最大值和黑色区域的反射光最小值，然后按下主控制器的左按钮，退出最大值和最小值的测量，最后根据光值标准化公式计算标准化光值。

在机器人竞赛中，可通过手动输入测量的光电传感器反射光的最大值和最小值进行光值标准化，如图 1.3.16 所示，也可以自动输入反射光的最大值和最小值，实现光值的标准化。

图 1.3.16　手动写入反射光的最大值和最小值

试一试

设计程序，让机器人自动获取图 1.3.14 中黑白区域的反射光的最大值和最小值，并对反射光强度进行标准化。

1.3.5　陀螺仪传感器

EV3 机器人有外接的单轴陀螺仪传感器，单轴陀螺仪传感器只能识别一个方向，并且陀螺仪测量的角度容易出现不稳定现象。而 spike 机器人的主控制器内置了三轴陀螺仪传感

器，角度测量稳定，三轴陀螺仪传感器可以让机器人同时识别三个方向：偏航、俯仰和横滚。将 spike 机器人的主控制器水平放置，偏航模式可以测量机器人在水平面上逆时针或顺时针旋转的角度；偏航角可以控制机器人精准转向；俯仰模式可以测量机器人低头或抬头的角度，俯仰角可以让机器人识别当前行驶的路面是平面还是坡面；横滚模式可以测量机器人左倾或右倾的角度，横滚角可以检测机器人是否发生向左或向右的倾斜。

当 spike 机器人的控制器顺时针旋转半周时，其偏航角的变化为 $0° \rightarrow 180°$，逆时针旋转半周时，偏航角的变化为 $0° \rightarrow -179°$。

当 spike 机器人的控制器左倾半周时，其横滚角的变化为 $0° \rightarrow -180°$，当右倾半周时，其横滚角变化为 $0° \rightarrow 179°$。

当 spike 机器人的控制器低头半周时，其俯仰角的变化为 $0° \rightarrow 90° \rightarrow 0°$，当抬头半周时，其俯仰角变化为 $0° \rightarrow -90° \rightarrow 0°$。

例如，使用陀螺仪传感器控制机器人向右原地顺时针转向 $90°$。可以选用偏航角控制机器人的转向，为了提高转向精度，电机速度设置为 25。在机器人转向前重置陀螺仪传感器的偏航角为 $0°$，机器人左电机向前运动，右电机向后运动，直到偏航角等于 $90°$ 时，机器人停止运动，其程序设计示例如图 1.3.17 所示，其中机器人左电机接 B 端口，右电机接 C 端口，EV3 机器人选用大型电机驱动，EV3 的陀螺仪传感器安装时正面朝上。

（a）spike   （b）EV3

图 1.3.17　机器人转向程序

陀螺仪传感器可以精准控制机器人的转向和直行，提高机器人运动的精准度。同时还可以减少烦琐的参数调试，提高程序编写的效率。

试一试

使用陀螺仪传感器控制机器人原地转向 $270°$。

1.3.6　加速度传感器

spike 机器人的主控制器内置了三轴加速度传感器，有了加速度传感器，机器人就可以很容易地判断当前的运动状态（加速、减速、转弯和撞击等），测量机器人的加速度。spike 机器人三轴加速度的方向如图 1.3.18 所示。

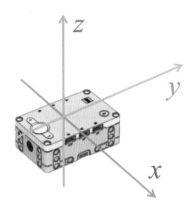

图 1.3.18　机器人三轴加速度的方向

三轴加速度的数据可在主控面板中显示，如图 1.3.19 所示，由于地球引力的作用，即使机器人静止在桌面上，其 z 轴加速度值约为 1000。而一个真实的重力加速度值约为 $10m/s^2$（理解为物体从高空自由落下，其速度每秒增加 $10m/s$），所以机器人测量的加速度值大约是真实加速度值的 100 倍，测量精度较高，正因为如此，加速度的数据测量非常敏感，其测量值一般会在 ±5 以内变化。

图 1.3.19　加速度传感器数据显示

任务探究

探究机器人在 x 轴方向上的撞击加速度。

选用 spike 机器人，让机器人朝向控制器的左侧以速度 50 匀速向前移动，探究机器人在撞击平整墙壁过程中的加速度的最大值。

机器人设计参见图 3.3.15，机器人以速度 50 直行前进，预设驱动轮电机旋转 300° 时机器人可抵达墙壁前方约 3cm，然后再预设 1s 的时间让机器人抵向墙壁，测量机器人撞击墙壁过程中的最大加速度，撞击过程中的加速度值是正值，其程序设计示例如图 1.3.20 所示。

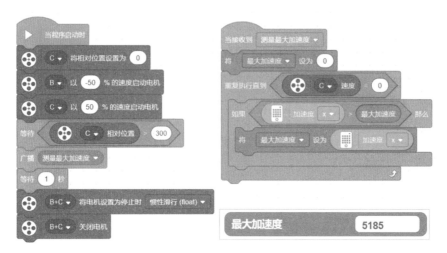

图 1.3.20　探究机器人在 x 轴方向上的撞击加速度

通过探究发现，机器人朝向主控制器的左侧运动，当受到撞击时，其测量的加速度值会明显增大。撞击的最大加速度与墙壁的硬度、撞击的角度以及机器人撞击前运动的速度等因素有关。还可以通过线形图的方式来显示撞击过程中的加速度值的变化，其程序和加速度线形图如图 1.3.21 和图 1.3.22 所示。

一般来说，机器人以功率 50 撞向墙壁，其加速度值会在 1000 以上。所以可以通过测量加速度来判断移动中的机器人是否发生撞击，机器人撞击的加速度阈值可以选用中间值，若加速度的阈值设置为 500，机器人以速度 50 直行，当遇到墙壁时，停止运动，其程序设计如图 1.3.23 所示。

图 1.3.21　撞击加速度线形图程序

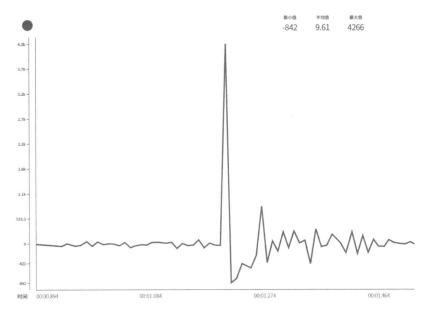

图 1.3.22　撞击加速度线形图

图 1.3.23　机器人撞击制动程序

　　控制器水平安装在 spike 机器人上，当机器人朝向控制器右侧加速运动或朝向控制器左侧运动受到撞击时，其 x 轴加速度值会朝向正值增大；当机器人朝向控制器前方加速运动或朝向控制器后方运动受到撞击时，其 y 轴加速度值会朝向正值增大；当水平放置的机器人向上加速运动或下落受到撞击时，其 z 轴加速度会朝向正值增大。

试一试

　　（1）选用 spike 机器人，探究机器人在不同功率下撞击墙壁的最大加速度值，如果加速度为负值，取其绝对值。

　　（2）选用 spike 机器人，探究机器人以功率 100 从静止启动过程中的最大加速度值，如果加速度为负值，取其绝对值。

　　（3）选用 spike 机器人，机器人以功率 100 匀速移动，探究机器人制动过程中的加速度变化。

　　（4）选用 spike 机器人，当机器人以一定功率转弯时，探究 x 轴加速度值和 y 轴加速度值的变化。

机械传动设计

　　机器人以及机械臂系统的运动离不开机械传动，机械传动利用机械的方式、通过各种机械部件之间的摩擦和啮合来传递动力和运动。我们需要全面理解和掌握各种机械传动的原理以及机械传动的设计方法，才能实现竞赛机器人的设计。

2.1 杠杆

学习目标

（1）认识杠杆，了解杠杆的应用。
（2）知道省力杠杆、费力杠杆和等臂杠杆，理解这些杠杆的受力特点。
（3）认识力矩和扭矩的概念，知道杠杆的平衡条件。

凡是可以改变力的大小和方向的装置，都可以称为机械。例如，杠杆、滑轮、螺旋、轮轴以及斜面，等等，如图 2.1.1 所示，复杂的机械是由简单机械组合而成的。使用机械可以改变物体的运动方式，可以传递力量，可以实现能量的转换，可以放大力的作用效果。

| 杠杆 | 滑轮 | 螺旋 | 轮轴 | 斜面 |

图 2.1.1　简单机械

机器人的设计离不开机械，机器人的任务执行更离不开机械传动。机械传动是依靠摩擦或传动件之间的啮合来传递动力和运动状态，所以，对于机器人的机械设计，在实现动力传递和运动形式转换的同时，还需要考虑机械传动的效率、速度、稳定性和输出力量等。

▌2.1.1　杠杆的种类

一根在力的作用下可绕固定点转动的硬棒叫作杠杆，如图 2.1.2 所示。杠杆可以是任意形状的硬质物体。像跷跷板、剪刀、扳手、撬棒、钓鱼竿等都是杠杆。在机器人的机械设计中，除了有形的杠杆结构外，还有轮轴、齿轮、滑轮和多连杆机构，其原理都涉及杠杆。使用杠杆可以起到省力的作用，也可以改变力的方向和运动的距离。

图 2.1.2　杠杆

若在杠杆上施加动力的位置距离支点较远，而阻力作用的位置距离支点较近，这样的杠杆称为省力杠杆，如图 2.1.3 所示。像扳手、撬棒、铁丝钳等都是省力杠杆。

图 2.1.3　省力杠杆

若在杠杆上施加动力的位置距离支点较近，而阻力作用的位置距离支点较远，这样的杠杆称为费力杠杆，如图 2.1.4 所示。像钓鱼竿、发剪等都属于费力杠杆。

图 2.1.4　费力杠杆

若在杠杆上施加动力和阻力的位置与支点的距离相同，这样既不省力也不费力，称为等臂杠杆，如图 2.1.5 所示。像跷跷板、天平等都属于等臂杠杆。

图 2.1.5　等臂杠杆

▌2.1.2　力矩与扭矩

如图 2.1.6 所示，杠杆的支点指的是杠杆围绕转动的固定点。杠杆的动力指的是使杠杆转动的力。杠杆的阻力指的是阻碍杠杆转动的力。杠杆的动力臂指的是从支点到动力作用线的垂直距离。杠杆的阻力臂指的是从支点到阻力作用线的垂直距离。

当杠杆静止或匀速转动时，杠杆的动力、动力臂与阻力、阻力臂满足以下关系

$$动力 \times 动力臂 = 阻力 \times 阻力臂$$

其中，力乘以对应力臂的积就是力矩，例如"动力 × 动力臂"就是动力臂的力矩，"阻

力 × 阻力臂"就是阻力臂的力矩。使用杠杆来撬物体，动力臂的力矩越大，物体就越容易被撬动，通过增大动力或动力臂的长度可以增大力矩。

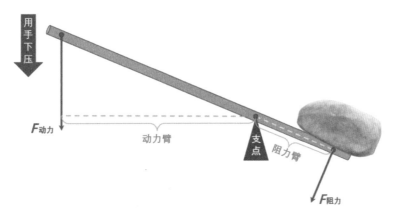

图 2.1.6　杠杆受力示意图

当杠杆上的动力臂大于阻力臂时，这时候用较小的动力就可以克服较大的阻力，起到省力的作用，这就是省力杠杆。

当杠杆上的动力臂小于阻力臂时，这时候需要用比阻力还大的动力才能克服阻力，这样的杠杆很费力，这就是费力杠杆。

当杠杆上的动力臂等于阻力臂时，这时候施加与阻力一样大的动力，就可以让杠杆保持平衡了，天平平衡就是这个道理，这就是等臂杠杆。

扭矩是一种使物体发生转动的特殊力矩，常用于连续旋转物体的力矩表述。例如，轴旋转输出的"力"，电机旋转输出的"力"，滑轮旋转传动的"力"等，这些所谓的"力"都是扭矩。例如，机器人常使用扭矩较大的大型电机来驱动轮子，让轮子获得较大的驱动力，其中，作用在驱动轮上的驱动力与驱动轮半径的乘积就是驱动轮的扭矩，如图 2.1.7 所示，其扭矩的大小也等于驱动轮旋转轴的扭矩。在输入扭矩不变的情况下，轮子的半径越大，轮子获得的驱动力就越小（轮子给地面一个向后的摩擦力，同时地面也会给轮子一个向前的驱动力，这里的摩擦力与驱动力互为作用力与反作用力）。

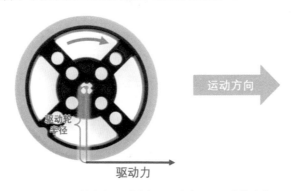

图 2.1.7　驱动轮扭矩示意图（驱动力 × 驱动轮半径）

2.2　轴传动

学习目标 🖉

（1）认识各种轴和轴传动。

（2）认识万向节，学会使用万向节设计各种轴传动。

（3）学会设计各种离合轴，并运用离合轴实现动力的传递和分离。

▌2.2.1　轴

轴是一种可以将旋转动力从一端传输到另一端的机械件，其形状为长柱形，乐高轴是截面为"十"字形的轴，如图 2.2.1 所示。轴传动的效率非常高，可以使用一根轴传输动力，也可以使用多个轴，结合轮子、轴连接器等零件进行链接来传输动力。

图 2.2.1　不同长度的乐高"十"字轴

轴可用于近距离或远距离的动力传输，在远距离传输动力时，由于轴的长度过大，轴的扭曲形变会更加明显，所以在设计时需要考虑轴的扭曲引起的角度误差；也可以在动力输出端通过齿轮减速提高传动轴输出的力量，其设计如图 2.2.2 所示。

图 2.2.2　齿轮减速的轴传动

▌2.2.2　轮轴

轮和轴的组合称为轮轴，如图 2.2.3 所示，其中半径较大的是轮，半径较小的是轴。轮和轴绕着共同的轴线旋转，轮可以是车轮、齿轮和滑轮等。轮轴属于杠杆，相当于以轮轴的轴心为支点，轮的半径为杆的杠杆机构，轮带动轴旋转为省力杠杆，轴带动轮旋转为费力杠杆。

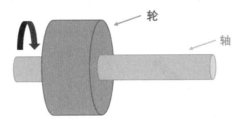

图 2.2.3 轮轴

轮轴总是以相同的速度旋转。因为轮的周长更大，轮的表面旋转速度会更快，运动距离也更长，轮轴在机械传动中有着广泛的应用。

2.2.3 万向节

万向节是一种能以一定的角度从一个轴向另一个轴传递旋转运动的机械件，如图 2.2.4 所示，它是由十字轴和两个凸缘叉组成，如图 2.2.5 所示。万向节可以改变动力传输的角度，而不改变传输的动力大小。但是万向节改变动力传输的角度最好在 45° 以内，超过 45° 进行动力传输时会引起波动，这种波动会随着角度的增加而增大，最终引起振动，当万向节接近或等于 90° 时，将不能传输动力。

图 2.2.4 万向节

图 2.2.5 万向节组成

乐高零件中还有一种特殊的球形万向节，如图 2.2.6 所示。球形万向节的一端是轴，另一端是光滑轴孔，即轴插入轴孔中无摩擦（摩擦非常小），如图 2.2.7 所示，因此，使用球形万向节还可以控制动力的自动分离。

图 2.2.6 球形万向节

图 2.2.7 球形万向节组成

万向节的传动设计通常有两种，一种是使用单个万向节改变动力传输的角度，如图 2.2.8 所示；还有一种是使用两个万向节获得平行的轴传动，如图 2.2.9 所示。

图 2.2.8 单万向节传动   图 2.2.9 双万向节传动

▌2.2.4 离合轴

离合轴是一种动力可自行分离的旋转轴，在轴的一端输入旋转动力，轴的另一端可以输出旋转动力。但是，当轴的动力输出端遇到的阻力过大时，输出端就会停止转动，而轴的动力输入端还可以继续转动。离合轴可以控制动力输出端输出有限的动力，当输出端负载过大时，输出端就会停止转动，而输入端还可以继续转动，如果此时动力输入端连接的是电机，则电机仍可以正常工作，对电机可以起到保护作用。

采用轴、轴连接件、销连接件和销可以设计出离合轴，设计方法如图 2.2.10 所示。离合轴依靠其内部有限的摩擦力传输动力，当动力输出端的阻力大于离合轴内部的摩擦力时，离合轴的动力输出端就会停止转动，但动力输入端还会继续转动，所以离合轴很容易磨损，必要时需要定期更换离合轴的易磨损件。离合轴还可以在其动力输出端设计齿轮减速机构来提高它的负载能力，设计示例如图 2.2.11 所示。

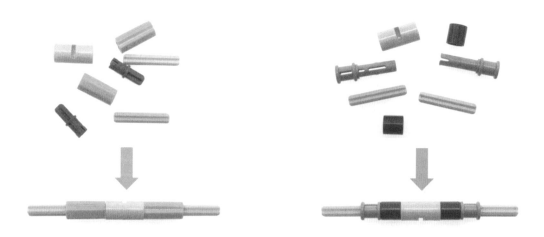

图 2.2.10 两种离合轴设计

图 2.2.11　利用齿轮减速机构提高离合轴的负载能力

还有一种可实现初始动力分离的离合轴，如图 2.2.12 所示，当动力输入端旋转的角度在一定范围内时，动力输出端可不发生转动，这时候可起到动力分离的作用；当动力输入端旋转角度超过这个范围时，动力输入端的黑色部分与动力输出端的黑色部分接触（黑色部分为球销），动力输入端与输出端保持同步旋转，不再分离，直到动力输入端反向运动时，动力输入端与输出端又会发生短暂的分离。通过改变黑色球销的数量和位置可以调节动力分离的角度范围，例如，图 2.2.12（a）中的离合轴可保持初始动力分离的最大旋转角度约为 360°，而图 2.2.12（b）中的离合轴可保持初始动力分离的最大旋转角度约为 180°。

（a）最大旋转角度约为 360°　　　　　　（b）最大旋转角度约为 180°

图 2.2.12　两种初始动力分离的离合轴

初始动力分离的离合轴可用于动力需要分离的多机械臂设计，还可以用于特殊机械臂的设计需求，既可以保证机械臂在需要时能够获得动力，也可以释放机械臂，让机械臂在无阻力的状态下自由运动。

2.3　齿轮传动

学习目标 ✐

（1）认识齿轮以及齿轮传动，理解齿轮间传动的规律。

（2）熟悉各种齿轮、蜗杆、齿条、链条等机械件，学会运用这些机械件设计各种传动机构。

（3）掌握齿轮的离合传动、平行轴传动、垂直轴传动等各种传动的特点，学会在机器人设计中运用这些齿轮传动机构。

▌2.3.1 从动齿轮与主动齿轮

齿轮是一种特殊的轮子，其轮缘上有齿，齿与齿之间可以互相啮合。如图 2.3.1 所示，在两个齿轮的传动中，由于齿与齿之间可以互相锁定，所以齿轮可以高效传递力和运动。

图 2.3.1　齿轮传动

在手、电机等外部力量的驱动下转动的齿轮叫作主动齿轮，被另一个齿轮驱动的齿轮叫作从动齿轮，主动齿轮提供输入力，从动齿轮提供输出力。使用齿轮系统可以传递力量，可以改变转轴速度、转轴轴向、旋转力量和旋转方向，还可以实现间歇式运动、往复运动以及将圆周运动转化为直线运动等。但在齿轮传动中，不可能在增加输出力的同时提高速度，齿轮间的旋转速度与旋转力量（扭矩）成反比，若通过齿轮组合增大了齿轮的输出力量，那么输出的旋转速度就会降低。

两个乐高齿轮在传动的过程中，啮合的齿与齿之间存在着空隙，这就是齿轮的齿隙，如图 2.3.2 所示，由于齿隙的存在，即使从动齿轮被固定，主动齿轮仍然可以旋转微小的角度。多个齿轮传动时，齿隙会累加，齿隙的增大会降低齿轮旋转的精度。

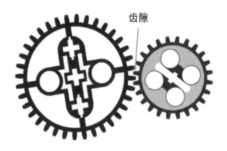

图 2.3.2　放大的齿隙

在进行机械传动设计时，应尽可能地减少齿轮使用的数量。对于给定的齿轮传动机构，其齿轮间的总齿隙是确定的，所以可以通过电机或手动旋转补偿的方法来抵消齿隙。

▌2.3.2 齿数比

两个齿轮互相啮合传动，其中一个齿轮的齿数与另一个齿轮的齿数的比值就是齿轮的齿数比。在任意两齿轮的啮合传动中，两齿轮间的旋转方向相反，两齿轮间的转速比等于其齿数的反比，在理想情况下（忽略摩擦阻力和能量损失），齿轮间的传动力量比等于其齿数比。

例如，用一个 12 齿齿轮驱动一个 36 齿齿轮，如图 2.3.3 所示，12 齿齿轮是主动齿轮，36 齿齿轮是从动齿轮，那么 12 齿齿轮与 36 齿齿轮的齿数比为 12:36，通过化简可得齿数比为 1:3。两齿轮的转速比等于齿数比的反比，为 3:1，即 12 齿齿轮旋转 3 圈，36 齿齿轮才旋转 1 圈，其传动效果为减速运动。在理想情况下，两齿轮的旋转力量的比值为 1:3，即主动齿轮的输出力量增大了 3 倍。但在实际中，由于各种机械损耗的存在，所以实际的从动齿轮输出的旋转力量小于理想情况下计算的旋转力量。

图 2.3.3　12 齿齿轮带动一个 36 齿齿轮

使用齿数多的主动齿轮带动齿数少的从动齿轮，这就是加速传动，如图 2.3.4 所示，从动齿轮的旋转速度比主动齿轮大，但输出的旋转力量会变小。使用齿数少的主动齿轮带动齿数多的从动齿轮时，这就是减速传动，如图 2.3.5 所示，从动齿轮的旋转速度会比主动齿轮小，但输出的旋转力量会变大。

图 2.3.4　齿轮加速传动　　　　　　　　图 2.3.5　齿轮减速传动

当两个齿数相同的齿轮进行传动时，如图 2.3.6 所示，两齿轮的齿数比为 1:1，旋转速度相同，旋转方向相反。在理想情况下，它们的传动力量也相同。由于主动齿轮和从动齿轮的转动方向相反，所以这种传动常用于改变齿轮的旋转方向或增大动力传输的距离。

图 2.3.6　相同齿数的齿轮间传动（两个 24 齿齿轮）

当有三个齿轮进行啮合传动时，如图 2.3.7 所示，其中一个齿轮在两个互相不接触的齿轮中间，起着传递作用，这个齿轮就是惰轮。惰轮跟左右两个齿轮啮合，可以用来改变从动齿轮的转动方向，使其与主动齿轮旋转方向相同，除此之外，惰轮还可以增加传动距离，使从动齿轮可以固定在需要的位置，但是，无论使用多少齿的惰轮都不能改变转速比。

图 2.3.7　惰轮（8 齿齿轮）

乐高积木有多种齿轮，他们的齿距都是相同的。从理论上来说，任意两个相同齿距的齿轮都可以组合并实现啮合传动，但由于积木件的限制，我们通常会使用常规的齿轮组合。例如，在平行轴齿轮传动中，乐高齿轮的常规组合有 8:8、8:24、16:16、24:24、8:40、24:40、40:40、12:20、12:36 等。而在实际的机械设计中也会用到特殊的齿轮组合，如图 2.3.8 所示。除此之外还有更多特殊的齿轮传动设计，所以设计者需要巧妙利用积木件来实现任意齿轮间的组合。

图 2.3.8　齿轮传动的特殊组合

齿轮不仅可以在啮合的两齿轮间传动，还可以实现一个齿轮与其他齿状机械件的传动，例如，齿轮与齿条传动、齿轮与蜗杆传动等。这些传动可以改变转速、旋转力量、运动方向以及运动形式等。齿轮传动有着效率高、传动比准确、功率范围大等优点，可以说机器人的设计离不开齿轮传动。

▌2.3.3　齿轮的离合传动

图 2.3.9 所示是一个白色的 24 齿离合齿轮，在离合齿轮中插入十字轴，若将离合齿轮做为从动齿轮，在外力驱动下，离合齿轮带动十字轴旋转，当十字轴的负载过大时，齿轮中央的灰色部分与白色部分发生打滑，齿轮的灰色部分和十字轴会停止转动，而白色部分的齿轮仍可以继续旋转。

除了使用专有的离合齿轮外，利用普通齿轮和离合轴也设计出离合传动的效果，如图 2.3.10 所示。类似于离合轴的作用，离合齿轮可用于低负载动力的输出兼大负载动力分离的机械传动中。

图 2.3.9　离合齿轮

图 2.3.10　普通齿轮与离合轴组合设计

若要提高离合齿轮的负载能力，可以采用离合齿轮设计一个二级齿轮减速装置，如图 2.3.11 所示，还可以将两个以上离合齿轮进行共轴设计，如图 2.3.12 所示。

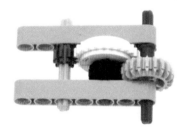
图 2.3.11　离合齿轮的减速设计

图 2.3.12　离合齿轮的共轴设计

使用两个蜗杆组合或蜗杆齿轮组合也可以设计蜗杆式离合传动机构，如图 2.3.13 和图 2.3.14 所示，这种离合传动机构可实现初始动力的传递，灰色轴做为动力的输入端，当灰色轴旋转圈数超过 2 圈时，输入端与输出端的动力就会永久分离。

蜗杆式离合传动机构也可用于单电机驱动多个机械臂的设计中，电机可以先驱动一个机械臂的运动，当这个机械臂完成相应的任务后，利用蜗杆式离合传动机构让机械臂与电机动力分离，从而让其他的机械臂能够正常运动。

离合器是一种可以切断或传递输出动力的机械装置。它有动力传输环、连轴器、拨杆和离合齿轮组成，如图 2.3.15 所示。

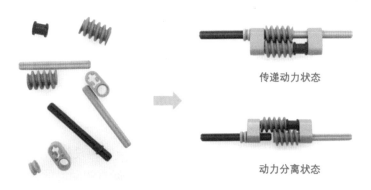

传递动力状态

动力分离状态

图 2.3.13　双蜗杆动力分离设计

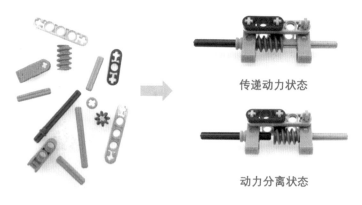

传递动力状态

动力分离状态

图 2.3.14　蜗杆齿轮组合的动力分离设计

动力传输环　　　　　连轴器　　　　　拨杆　　　　　离合齿轮

图 2.3.15　离合器组成

图 2.3.16～图 2.3.18 所示是一种离合器的搭建步骤，通过拨动拨杆可以将动力传递给离合齿轮，也可以撤去离合齿轮上的动力，在机器人竞赛中可以通过机器人自身的机械装置或外部的物体来触发拨杆，实现机械臂动力离合的控制。

图 2.3.16　离合器搭建步骤 1

图 2.3.17　离合器搭建步骤 2

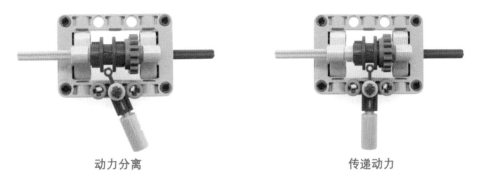

动力分离　　　　　　　　　　　　　　传递动力

图 2.3.18　离合器装置

图 2.3.19 所示是一个利用 8 齿齿轮改进的动力间歇式分离的传动装置。以 8 齿齿轮为主动齿轮，24 齿齿轮为从动齿轮，主动齿轮连续旋转，从动齿轮转动一会儿，然后停一会儿，只有当 24 齿从动齿轮和 8 齿齿轮啮合时，从动齿轮才会发生旋转。

啮合传动状态　　　　　　　　　　　　动力分离状态

图 2.3.19　间歇式离合传动

在机器人竞赛中，机械臂通常是由齿轮驱动的，为了避免机械臂的随意运动，可以为机械臂设计一个阻尼器，即给机械臂添加一个合适的旋转阻力，阻尼器既能稳定机械臂，也不影响机械臂的正常运动。阻尼器可选用齿轮和有摩擦的蓝色轴销进行设计，如图 2.3.20 所示。以阻尼齿轮为从动齿轮进行减速设计可以减小机械臂的旋转阻力，如图 2.3.21 所示。以阻尼齿轮为从动齿轮进行加速设计可以增大机械臂的旋转阻力，通过齿轮的排列设计也可以增大旋转阻力，如图 2.3.22 所示。

图 2.3.20　旋转轴的阻尼器设计

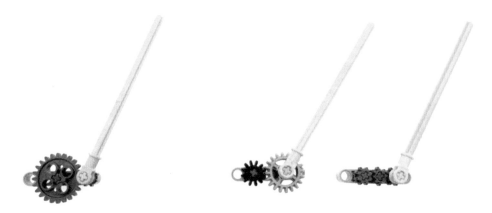

图 2.3.21　减小旋转阻力　　　　　　　　　图 2.3.22　增大旋转阻力

阻尼

阻尼是物体在运动的过程中，由于阻力或摩擦力的存在，导致运动不断减慢的特性，起到阻碍但不立即阻止物体运动的作用。阻尼力是作用于运动物体的一种阻力，摩擦力就是阻尼力的一种，阻尼力始终与物体运动方向相反。例如，当开车时，风会对车头产生一个反作用力，这个反作用力也是阻尼力，并且速度越快，这个力越大。

2.3.4　平行轴齿轮传动

平行轴齿轮传动指的是主动齿轮与从动齿轮的旋转轴是相互平行的，平行轴齿轮的传动分为单级平行轴齿轮传动和多级平行轴齿轮传动，如图 2.3.23、图 2.3.24 所示。多级平行轴齿轮转动的级别按动力传递的顺序依次排序。

图 2.3.23　单级平行轴齿轮传动

图 2.3.24　多级平行轴齿轮传动（3 级）

如图 2.3.25 所示，在一个二级平行轴齿轮传动中，以 24 齿齿轮为主动齿轮，则第一级的齿轮传动是 24 齿齿轮带动 8 齿齿轮，实现 3 倍加速；第二级的齿轮传动是 36 齿齿轮带动 12 齿齿轮，也是 3 倍加速，那么，在这个齿轮传动系统中，传动加速的总倍数等于每一级齿轮传动加速倍数的乘积，也就是 9 倍加速，其计算方法可表示为

$$加速的总倍数 = 第一级加速倍数 × 第二级加速倍数$$

图 2.3.25　二级平行轴齿轮传动（9 倍加速）

对于任意多级平行轴齿轮传动装置，齿轮传动的总转速比等于各级主动齿轮与从动齿轮齿数比之间的乘积。

图 2.3.26 所示是一个在机器人竞赛中常用的多级齿轮传动装置，以 16 齿齿轮为主动齿轮，灰色的 24 齿齿轮可实现 3 倍减速，旋转方向不变，另一个白色的 24 齿离合齿轮可实现 3 倍减速，旋转方向改变。

图 2.3.26　多级离合齿轮传动系统

齿轮转盘

齿轮转盘是一种能够同时承受较大的负荷，又可以起到支撑、旋转、传动、固定等作用的大型齿轮，竞赛常用的齿轮转盘有 3 种，如图 2.3.27 所示。

图 2.3.27　各种齿轮转盘

齿轮转盘由上部和下部两部分组成，上部可以绕下部转动。齿轮转盘主要应用于结构较大、载荷较重的旋转机械臂上，它可以将机械臂的上部和下部连接在一起，同时用于支撑机械臂的上部结构，还可以保证机械臂的上部或下部旋转。齿轮转盘的驱动有外轮驱动和内轮驱动，其中外轮驱动的应用较多，如图 2.3.28 所示，还可以用轴穿过齿轮转盘的中心，向旋转机械臂的远端传递动力，常用来控制机械手的动作。

图 2.3.28　齿轮转盘与齿轮的啮合传动

▌2.3.5　垂直轴齿轮传动

垂直轴齿轮传动指主动齿轮与从动齿轮的旋转轴是相互垂直的，如图 2.3.29 所示，垂直轴齿轮传动比平行轴齿轮传动的设计要求往往更高，垂直轴齿轮传动可选用单斜面齿轮（锥形齿轮）、双斜面齿轮、扭转齿轮和冠状齿轮等，如图 2.3.30 所示。垂直轴齿轮传动可以以 90° 改变旋转轴的传动方向，为动力的多向传输提供便利。

图 2.3.29　齿轮的垂直传动

图 2.3.30　常用的垂直轴传动的齿轮

　　垂直轴齿轮传动装置可通过"U"形积木件或圈梁来搭建设计，如图 2.3.31 和图 2.3.32 所示，也可以利用其他各种积木件的组合搭建垂直传动装置。相较而言，由"U"形结构件和圈梁设计的垂直轴齿轮传动系统稳定性更好，结构简单，传动可靠，不容易发生结构松动和齿轮跳齿等现象。

图 2.3.31　由"U"形积木件设计的垂直轴齿轮传动

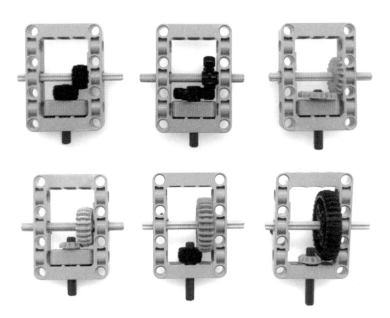

图 2.3.32　由圈梁设计的垂直轴齿轮传动

差速齿轮

差速齿轮能够使其左、右旋转轴实现以不同转速转动的机构，如图 2.3.33 所示。差速齿轮可以根据左、右旋转轴的阻力自动调整各自的转速差。差速齿轮机构主要应用于车辆的驱动轮系统，当车辆在转弯或不平坦路面行驶时，差速齿轮可以使左右驱动轮以不同转速旋转，让车辆易于转向，减小机械损耗。

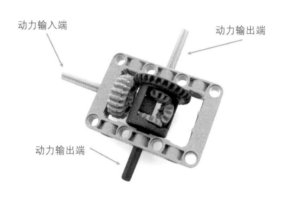

图 2.3.33　差速齿轮传动

2.3.6　蜗杆传动

蜗杆是一种螺旋结构件，如图 2.3.34 所示，属于斜面的一种变形。蜗杆的螺纹可以看成是一个被斜面包裹的圆柱体，螺纹的倾斜度可以看成是斜面的坡度，我们知道坡度越小的斜面越省力，所以蜗杆传动也可以起到省力的作用。

蜗杆传动是以一个蜗杆为主动轮、一个普通齿轮（蜗轮）为从动轮组成的机械传动装置，如图 2.3.35 所示，蜗杆与齿轮的传动轴互为垂直。蜗杆传动属于减速机构，减速的倍数等于齿轮的齿数，所以输出端输出的旋转力量非常大；蜗杆传动还具有自锁性，即蜗杆可以驱动齿轮转动，但齿轮无法驱动蜗杆转动，就像被蜗杆锁住一样。

图 2.3.34　各种蜗杆

图 2.3.35　蜗杆传动

由于蜗杆传动具有自锁、低速、旋转轴垂直和驱动力量大的特点，在机器人竞赛中可用于机械臂和机械手的设计，常规蜗杆传动的基础结构设计如图 2.3.36 所示。

图 2.3.36　各种蜗杆传动设计

2.3.7　齿条传动

图 2.3.37 所示是一个齿条与齿轮组合的传动装置。齿轮与齿条的传动可以实现旋转运动与直线运动的相互转化。

图 2.3.37　齿条传动

齿轮驱动齿条可以将齿轮的旋转运动转换为直线运动，齿轮的旋转方向决定齿条的运动方向，若齿轮朝着一个方向一直旋转，最终齿条会脱离齿轮。如图 2.3.38 所示，如果驱动下面的 8 齿齿轮逆时针旋转，齿条向上运动直至脱离齿轮，当齿轮反转时，在地球引力的作用下，齿条会再次与齿轮啮合。当齿条在水平方向上运动时，也可以使用橡筋或弹簧等方法让脱离齿轮的齿条再次与齿轮啮合，其设计如图 2.3.39 所示。在机器人竞赛中，常利用齿条传动的动力分离与自动啮合的特点实现一个电机驱动多个机械臂，甚至在某个任务完成后，让对应的机械臂（齿条）直接脱离。

图 2.3.38　齿条上下运动

图 2.3.39　橡筋辅助的齿条传动

由于齿条传动装置需要给齿条搭建一个运动轨道，并且这个运动轨道还需要保证齿轮与齿条能够啮合，所以齿条传动比纯齿轮传动的设计要复杂一些。图 2.3.40 ～图 2.3.44 所示为多种齿轮与齿条的传动设计。

1. 圈梁结构搭建的齿条传动设计

图 2.3.40　齿条传动设计 1

图 2.3.41　齿条传动设计 2

图 2.3.42　齿条传动设计 3

2. 轻小结构搭建的齿条传动设计

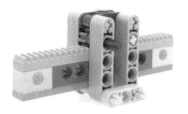

图 2.3.43　齿条传动设计 4

图 2.3.44　齿条传动设计 5

推杆

　　推杆是一种将旋转运动转变为直线运动的机械装置，如图 2.3.45 所示。乐高推杆的核心机械部件是一对丝杆螺母，通过带动推杆的螺母旋转，实现丝杆的直线运动。由于丝杆螺母的特点，所以推杆是一种自锁、减速、大推力、可以将旋转运动转化为直线运动的机械装置。

收缩状态　　　伸长状态

图 2.3.45　乐高推杆

　　乐高设计了多种推杆及配件，如图 2.3.46 所示，推杆虽有众多优点，但由于减速倍数过大，传动缓慢，用时较长，所以在机器人竞赛中选用时需综合考虑。

图 2.3.46　各种乐高推杆

▊2.3.8 链传动

一个齿轮可以通过齿与齿的啮合来带动另一个齿轮转动来传送动力，若将两个齿轮分开，也可以使用链条驱动两边的齿轮来传送动力，如图 2.3.47 所示。

图 2.3.47　链传动

齿轮的链传动是由装在平行轴上的主动齿轮（链轮）、从动齿轮（链轮）以及绕在齿轮上的链条组成。工作时，通过链条链节与齿轮的啮合来驱动从动齿轮旋转，实现动力的传递。通常情况下，可用于链传动的齿轮有 16 齿、24 齿和 40 齿。

齿轮的链传动属于链式的啮合传动，两齿轮的旋转方向相同，两齿轮间的转速比等于两齿轮齿数的反比，链传动可实现两齿轮在任意距离下的动力传动。由于单个链节的长度是固定的，在两齿轮传动距离略微偏大的情况下，会出现链条松动的现象，这时候就应该在合适的位置添加辅助轮（齿轮或滑轮），向内或向外撑起链条，如图 2.3.48 所示。

图 2.3.48　多齿轮间的链传动设计

同链传动类似的还有履带与履带轮之间的传动，如图 2.3.49 所示。履带传动可作为机器人的驱动轮，通常选用大履带轮，如图 2.3.50 所示，为了增大摩擦力，可在履带上安装橡胶垫。

小履带轮

大履带轮

图 2.3.49　履带传动　　　　　　图 2.3.50　常用的履带轮

履带传动也可作为传送带，通过传送带的运动移送物体，通常选用小履带轮，设计示例如图 2.3.51 所示。

图 2.3.51 两种履带式传送带设计

2.3.9 棘轮机构

棘轮机构是由棘轮和棘爪组成的一种单向运动机构，如图 2.3.52 所示。在乐高棘轮机构的设计中，棘轮可以用普通的齿轮代替，棘爪是一个可以插入棘轮齿槽中的积木件，当棘轮逆时针方向旋转时，棘爪在棘轮的齿背上滑动。当给棘轮一个顺时针方向旋转的力量时，插入棘轮齿槽中的棘爪便会阻止棘轮沿顺时针方向转动。

图 2.3.52 棘轮机构

如图 2.3.53 所示，棘爪可以利用其自身的重量压向棘轮，也可以使用橡筋、弹簧等弹力装置将棘爪压向棘轮。棘轮机构是一个十分有用的装置，只允许棘轮朝一个方向旋转。在生活中，棘轮机构常应用于钟表、千斤顶和起重机等。

图 2.3.53 弹力辅助的棘轮机构设计（使用白色橡筋）

2.4　滑轮

如图 2.4.1 所示，滑轮是一种周边有凹槽、能绕轴旋转的轮子，它可以通过绳子或橡皮圈，带动滑轮产生运动。在乐高机械件中，具有这样特征的轮子大大小小有很多种，轴孔有十字形和圆形，小到黄色的半轴套，大到车轮的轮毂，都可以作为滑轮来使用。

图 2.4.1　各种各样的滑轮

滑轮传动有两种类型，一种是使用首尾不相接的绳子缠绕在滑轮上，在绳子的一端施加牵引力，通过运用定滑轮、动滑轮或滑轮组来拉动物体，如图 2.4.2 所示。其中定滑轮可以改变力的方向，动滑轮可以起到省力的作用，将定滑轮与动滑轮组合使用，就是滑轮组，滑轮组可以同时起到改变力的方向和大小的作用。

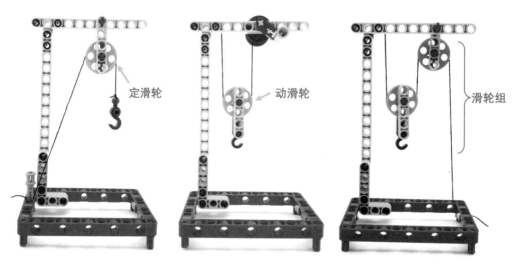

图 2.4.2　定滑轮、动滑轮和滑轮组

在使用定滑轮或动滑轮传动时，往往还需要一个有大凹槽的绕线轮，如图 2.4.3 所示。在设计时，可以选用专用的绕线轮，也可以使用轮毂或自行设计绕线轮。绕线轮常于动力输入端相连，用于牵引绳子，还可以缠绕储存多余的绳子。

图 2.4.3 多种绕线轮

滑轮的另一种传动是使用首尾相连的橡皮圈缠绕在两个或两个以上的滑轮上，主动轮可以驱动从动轮同向旋转，如图 2.4.4 所示，这种类似于链条的传动也叫皮带传动。

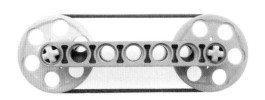

图 2.4.4 橡皮圈绕过滑轮传递动力

乐高提供的橡皮圈按直径从小到大排列，有白色橡皮圈、红色橡皮圈、蓝色橡皮圈和黄色橡皮圈，如图 2.4.5 所示。

图 2.4.5 直径不同的橡皮圈

在皮带传动中，其传动的转速比等于滑轮传动半径的反比，在不考虑摩擦损耗的情况下，其传动的旋转力量比等于滑轮传动的半径比。这里的滑轮传动半径指的是滑轮凹槽的深处到滑轮轴心的距离，如图 2.4.6 所示。

图 2.4.6 滑轮传动半径示意图

带动滑轮旋转的橡皮圈依靠摩擦来传递动力。如果皮带太紧，会导致滑轮和轴产生更大的摩擦力，会增大能量损耗，机械效率低。如果皮带太松，则会出现打滑现象，动力就不能得到有效的传递和利用。所以在皮带传动的设计中，需要根据实际任务和传动距离，选择大小合适的滑轮和橡皮圈，当然，也可以利用皮带打滑的特点实现动力分离，在机械负荷过重时保护传动系统。

滑轮的皮带传动与齿轮的链传动相比，由于滑轮传动会出现橡皮圈与滑轮之间打滑的现象，其传动精度没有链传动高，且传动的负载非常有限，但皮带传动结构简单，滑轮型号多，可实现动力分离，传动结构小巧，设计灵活性好。

设计一个细长的皮带传动，如图 2.4.7 所示，可以将质量较轻的物体悬挂在右端，当驱动滑轮时，物体可向右运动脱离机械臂，实现物体的运送。

图 2.4.7　细长的皮带传动

使用多个皮带传动并排组合成一个宽的传送带，如图 2.4.8 所示，将物体放置在上方，驱动滑轮，可运送物体。

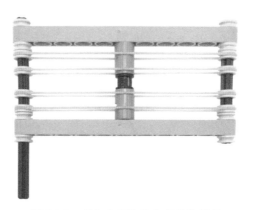

图 2.4.8　多个皮带传动合成的传送带

滑轮的皮带传动不仅可以实现平行轴传动，还可以实现"8"字形平行轴传动、垂直轴以及任意角度的滑轮传动，如图 2.4.9 ～图 2.4.12 所示。

图 2.4.9　滑轮传动 1　　　　　　　　　图 2.4.10　滑轮传动 2

图 2.4.11 滑轮传动 3

图 2.4.12 滑轮传动 4

2.5 凸轮机构

（1）认识凸轮机构及其传动特点。

（2）学会在机器人设计中运用凸轮机构。

间歇运动机构是一种可以将主动件连续旋转的运动转变为从动件周期性运动和停歇的机构。在乐高机器人竞赛中，常用的间歇式传动机构有凸轮机构和连杆机构。

凸轮是一个偏离轴心、有凸起的轮子，凸轮的形状可以是圆形的、梨形或不规则的，当凸轮旋转时，凸轮把运动传递给紧靠其边缘移动的物体，从而实现这个物体的间歇运动，凸轮机构是一种最简单的间歇运动，其设计如图 2.5.1 和图 2.5.2 所示。

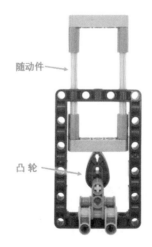

随动件

凸轮

图 2.5.1 凸轮机构 1

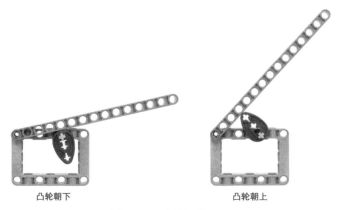

凸轮朝下　　　　　　　　　　凸轮朝上

图 2.5.2　凸轮机构 2

凸轮可以选用专门的凸轮零件，也可以设计一个偏离轴心的轮子或其他相似的积木件，如图 2.5.3 所示，凸轮和凸轮随动件因为摩擦的缘故很容易磨损。在凸轮机构设计时，应巧妙设计，尽量减小传动中的摩擦。在生活中，应用凸轮机构的例子有电动剃须刀、电动牙刷和发动机凸轮轴。

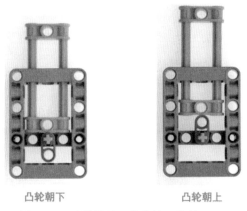

凸轮朝下　　　　　　　　　　凸轮朝上

图 2.5.3　凸轮设计（偏离轴心的轮子）

图 2.5.4 所示是一个改进型的类凸轮机构，通过该机构拨动重锤抬升，当动力分离时，重锤在地球引力的作用下降落，起到间歇式的锤击效果，其搭建方法如图 2.5.5 所示。

图 2.5.4　间歇式重锤机械臂

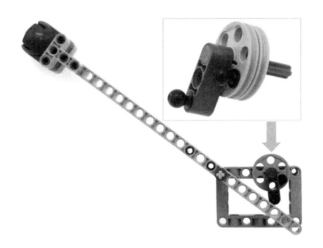

图 2.5.5　间歇式重锤机械臂的搭建方法

2.6　平面连杆机构

学习目标

（1）认识各种平面四杆机构。

（2）掌握各种平面四杆机构的运动特点。

（3）学会设计各种平面四杆机构。

2.6.1　平面四杆机构

连杆机构种类多样，应用非常广泛，机器人竞赛常常会使用一些简单实用的、易于搭建的连杆结构，其中最常用、最简单的连杆机构是平面四杆机构。如图 2.6.1 所示，平面四杆机构有四个边，它是平面连杆机构的最基本形式，也是组成多杆机构的基础。

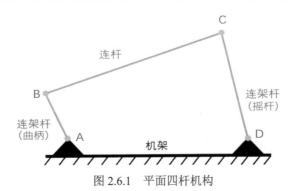

图 2.6.1　平面四杆机构

在平面四杆机构中，其固定不动的边称为机架（AD），与机架连接并可以绕连接点做完整的圆周运动的连架杆称为曲柄（AB），把与机架连接且仅能在某一角度（小于360°）范围内摇摆的连架杆称为摇杆（CD）。不与机架连接，而只与连架杆相连的边称为连杆（BC）。

四杆机构按照连架杆是否可以做整周转动分为三种基本形式：曲柄摇杆机构、双曲柄机构和双摇杆机构。

2.6.2　曲柄摇杆机构

在平面四杆机构中，若两连架杆中有一个为曲柄，另一个为摇杆，则这样的铰链四杆机构称为曲柄摇杆机构，如图 2.6.2 所示。

图 2.6.2　曲柄摇杆机构

通常情况下，曲柄为主动件，当曲柄匀速旋转时，摇杆作为从动件可实现变速往返的摆动。有时也以摇杆作为主动件，将摇杆的往复摆动转换成曲柄的转动。

2.6.3　双曲柄机构

两连架杆均为曲柄的平面四杆机构称为双曲柄机构，如图 2.6.3 所示。双曲柄机构中，最常见的是平行双曲柄机构，也称为平行四边形机构，它的连杆与机架的长度相等，且两曲柄的转向相同、长度也相等。除此之外，在双曲柄机构中还有一种反平行四边形机构，如图 2.6.4 所示。

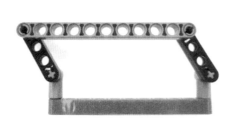

图 2.6.3　双曲柄机构（平行四边形机构）

图 2.6.4　双曲柄机构（反平行四边形机构）

2.6.4　双摇杆机构

　　两连架杆均为摇杆的平面四杆机构称为双摇杆机构，如图 2.6.5 和图 2.6.6 所示。例如，鹤式起重机就采用双摇杆机构，如图 2.6.7 所示。如图 2.6.8 所示，两摇杆长度相等的双摇杆机构称为等腰梯形机构，汽车前轮转向机构运用的就是等腰梯形的双摇杆机构。

图 2.6.5　双摇杆机构

图 2.6.6　双摇杆机构中的两个极限摆动的位置

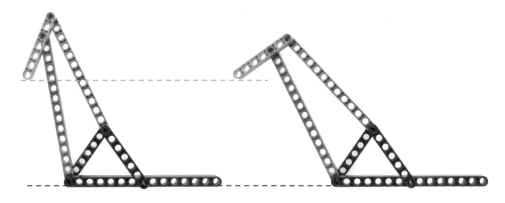

图 2.6.7　鹤式起重机的双摇杆机构示意图

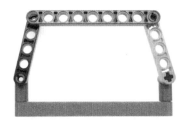

图 2.6.8　等腰梯形双摇杆机构示意图

▌2.6.5　衍生平面四杆机构

平面四杆机构还可以演化成衍生平面四杆机构，常用的有曲柄滑块机构、曲柄导杆机构等，如图 2.6.9 和图 2.6.10 所示。

图 2.6.9　曲柄滑块机构

图 2.6.10　曲柄导杆机构

连杆机构与其他机械传动组合可以大大提高连杆机构的应用能力，例如，利用齿轮减速机构与平行四边形连杆机构进行组合设计，可以提高机械臂运动的力量，其设计示例如图 2.6.11 所示，其中齿轮选用 8 齿和 24 齿组合，实现 3 倍减速，而传动力量提升 3 倍。

图 2.6.11　齿轮减速与平行四边形连杆组合设计

2.7　斜面与气动力

学习目标 ✎

（1）认识斜面，知道斜面是如何省力的。

（2）学会设计斜面来达到省力的目的。

（3）知道气动力传动及其传动特点。

2.7.1　斜面

爬山时，如果选择陡峭的山体攀岩爬上去，那么需要耗费很大的力气，但路径较短；如果选择稍平坦的斜坡爬上去，就会比较省力，但路程较长。这其中就用到了斜面的作用。

斜面是一种倾斜的平面，如图 2.7.1 所示，利用斜面能够以相对较小的力将物体从低处提升至高处，也可以让物体从高处沿着斜面慢慢滑落至低处。若使用斜面来提升物体，其移动的路程会增大，而且斜面越接近水平，斜面越长，但越省力。在日常生活中，斜面有很多实际的应用，如儿童滑梯，民用飞机的充气逃生滑梯，以及货车尾部的可折叠卸货斜面。

图 2.7.1　斜面

楔子、斜坡和螺旋都属于斜面，如图 2.7.2、图 2.7.3 所示，其中螺旋是斜面围绕着圆柱形成的简单机械，它们都可以起到省力的作用，山路采用螺旋式环山设计，减小路面的坡度；在墙面的砖块间使用楔子可以增大砖块间的空隙，起到抬升墙壁的作用。利用螺旋可以设计成螺钉、蜗杆等。

图 2.7.2　楔子

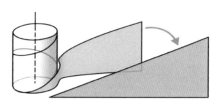

图 2.7.3　螺旋与斜坡

使用斜面可以使物体产生垂直于斜面移动方向上的运动效果。例如，在机器人的前方或后方设计斜面，如图 2.7.4 所示，推动斜面可以抬升任务模型。

图 2.7.4　斜面抬升任务模型

在机器人前方设计一个"八"字形结构,如图 2.7.5 所示,这个结构利用了斜面可以用来收集场地中物体的特性。除此之外,还可以用于机器人的定位,例如,利用"八"字形结构,机器人与场地中固定的任务模型轻轻撞击,可以使机器人与任务模型对准。

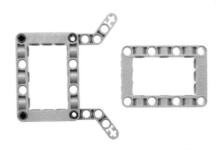

图 2.7.5　机器人前方的"八"字形结构设计

2.7.2　气动力

气动力装置是一种通过气泵加压空气,推动气缸中的活塞做往复式直线运动的装置。一个完整的气动力装置主要由气泵、气缸、阀门、储气罐、气压计、气管和"T"形连接件组成,如图 2.7.6 所示。可以通过手动按压气泵或电机驱动气泵来压缩空气,阀门可以控制气缸的运动,气压计可以测量气压的大小。

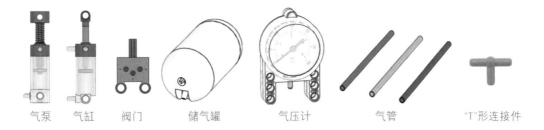

气泵　　　气缸　　阀门　　　　储气罐　　　　气压计　　　　　气管　　　　"T"形连接件

图 2.7.6　气动力组成

如图 2.7.7 所示,利用储气罐,可以预先加压储气罐中的空气,这样气动力装置可以脱离电机和气泵进行工作,在机器人竞赛中,可通过轻轻撞击或电机驱动来触发气动力阀门,从而控制机械臂的运动。

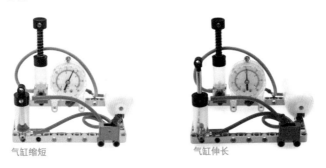

气缸缩短　　　　　　　　　　气缸伸长

图 2.7.7　气动力装置

竞赛机器人设计

第3章

　　竞赛机器人的设计包含移动平台设计和机械臂系统设计，在 FLL 和 WRO 机器人竞赛中，机器人的移动平台一般设计成轮式机器人，为了让移动平台具有较好的运动性能，其设计需要遵循一定的设计规律和方法，同时还要为机械臂系统的设计提供便利。提供给机械臂系统的电机数量非常有限，机械臂系统需要根据场地中各个任务进行整合，优化设计。

3.1 轮式机器人设计

（1）了解机器人移动的各种方式。

（2）知道影响机器人运动性能的因素，学会设计轮式机器人。

（3）学会设计各种巡线机器人。

3.1.1 机器人的移动方式

为了适应不同的环境和场合，机器人需要设计成不同的移动方式，常见的移动方式有三种：轮式、履带式和足式，如图 3.1.1 所示。例如，对于平坦地面，可将机器人设计成轮式机器人，轮式机器人的移动效率最高，设计简单，定位精确，所以轮式机器人也是机器人竞赛中应用最多的一种形式。对于崎岖和不平坦的地面，可以设计成履带式机器人，履带式机器人适应能力好，拥有较强的越障能力，但对于复杂的野外环境，在必要的情况下可以使用足式机器人，足式机器人的效率不高，但其适应能力最强。

图 3.1.1 轮式机器人、履带式机器人和足式机器人

轮式机器人中较为常见的是三轮机器人和四轮机器人，如图 3.1.2 所示，其驱动形式多为两轮差速驱动，即机器人的左右驱动轮分别由独立的电机驱动。两轮差速移动机器人设计简单，易于编程控制，机动性好，在巡线机器人和竞赛机器人的设计中有着广泛应用。

两轮差速移动机器人除了两个驱动轮之外，其他的都是从动轮，而从动轮一般选用万向轮，其主要作用是支持机器人保持水平姿态，减少机器人在移动过程中的摩擦阻力。

机器人的底部只安装一个万向轮的是三轮式机器人，万向轮一般安装在两驱动轮连线的垂直平分线上，如 3.1.2（a）所示。采用三轮设计，机器人在移动过程中所有轮子都会与地面接触，不会产生悬空现象，控制稳定，但是机器人快速转弯或发生碰撞时，由于只有三个轮子支撑车体，稳定性不好，尤其急转弯时容易侧翻。

（a）三轮机器人

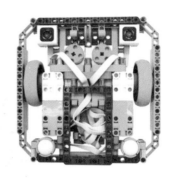

（b）四轮机器人

图 3.1.2　两轮差速驱动的三轮机器人和四轮机器人

机器人底部安装两个万向轮的是四轮机器人，两个万向轮通常安装在两驱动轮的后侧（或前侧）附近，左右对称分布，如 3.1.2（b）所示。四轮机器人比三轮机器人有更好的稳定性。

全向运动机器人

机器人常规用的轮子由一个轮毂和一个轮胎组成，使用这样的轮子只能让机器人实现前后和左右的转向运动。而使用全向轮或麦克纳姆轮可以实现机器人的全向运动，如图 3.1.3 所示，包括前行、横移、斜行、旋转以及多种组合运动方式。

图 3.1.3　由麦克纳姆轮设计的全向运动机器人

全向轮与麦克纳姆轮的共同点是都由轮毂和辊子两部分组成，如图 3.1.4 和图 3.1.5 所示。轮毂是整个轮子的主体支架，辊子则是安装在轮毂上的鼓状物。全向轮的轮毂轴与辊子转轴相互垂直，而麦克纳姆轮的轮毂轴与辊子转轴的夹角为 45°。理论上，这个夹角可以是任意值，但最常用的还是 45°。

图 3.1.4　全向轮

图 3.1.5　麦克纳姆轮

万向轮有活动式万向轮和固定式万向轮，如图 3.1.6 所示，活动式万向轮允许脚轮绕竖直轴旋转 360°，而固定式万向轮的脚轮不能绕竖直轴旋转，常见的固定式万向轮有球形万向轮和低摩擦的柱形万向轮两种。

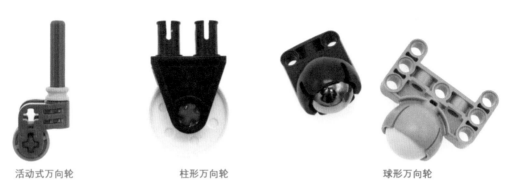

图 3.1.6　各种万向轮

球形万向轮和柱形万向轮在竞赛中常被选用，机器人配件里有专门的球形万向轮组件，易于设计和安装。柱形万向轮的设计重点在于选用低摩擦的柱形轮，柱形轮的表面需要尽可能光滑，所以柱形万向轮的设计非常灵活。而活动式万向轮一般不使用，因为活动式万向轮会对机器人引入一个方向偏差，例如，机器人向前运动，活动万向轮会绕着竖轴转向机器人的后方，当机器人停下来再向后运动时，万向轮必须绕竖轴旋转 180°，在这个过程中，机器人的运动方向会发生偏移，不利于机器人的方向定位。

采用两轮差速设计机器人，安装一个万向轮，两个驱动轮与万向轮围成一个等腰三角形，对于体积小、低重心、质量轻的巡线机器人可设计成三轮机器人，但对于质量和体积较大的机器人，可选用两个万向轮，由于机器人转弯多是中心转向（以驱动轮轴线中点为中心转向）和定轮转向（以一侧驱动轮为中心转向），在设计允许的前提下，可将两个万向轮分别安装在驱动轮前方或后方的稍偏向内侧的位置，如图 3.1.7 所示，虚线方框内的区域为万向轮较为理想的安装区域，两万向轮按左右对称设计，两驱动轮和两万向轮可围成一个等腰梯形，万向轮稍偏向内侧的设计可以减小机器人转向时由万向轮产生的摩擦阻力的力矩，让机器人更易于转向。

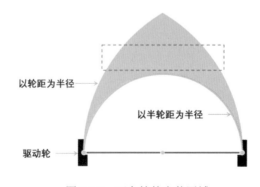

图 3.1.7　万向轮的安装区域

在实际的机器人竞赛中，三轮机器人和四轮机器人都常被使用，轮式机器人的设计最终取决于竞赛任务，需要根据竞赛任务和场地空间进行设计，而不能一味地追求某一方面的功能忽略整体性能。

机器人电机和轮子的选用取决于竞赛任务，也取决于机器人的大小，通常情况下，对于较大的机器人可选用转速低动力大的大型电机，对于较小的机器人可选用动力小转速高的中型电机，也可以选用大动力电机与直径大的轮子搭配使用，但一般不选用过大的轮子，过大的轮子不利于机器人的加速、制动和精确定位，所以在竞赛中较为常用的是直径为 62.4mm 的宽平轮和直径为 56mm 的拱形轮，如图 3.1.8 所示，拱形轮的轮缘是拱形的，理论上来说，拱形轮与平面的接触是一个点，而普通宽平的轮子与平面的接触是一个线段，因此，拱形轮的转向定位精度更高一些，对于普通宽平的轮子，其直线行驶的方向性会更好一些，两种轮子各有利弊，需根据实际情况选用。

62.4mm　　　　　　　　　　56mm

图 3.1.8　竞赛常用的轮子

3.1.2　轮式机器人设计方法

众所周知，凡是机动性好的小车，都有着重心低、稳度好、对称性好、重量相对较轻、动力强、速度快等特点，为了让轮式机器人获得较高的运动性能，拥有移动速度快和转向敏捷的能力，巡线机器人和竞赛机器人的设计也是要遵循这样的规律。

物体的各部分都受到地球引力的作用，从受力效果来看，可以认为物体各部分受到的地球引力都集中在一个点上，我们把这个点叫作该物体的重心。

若物体的质量分布均匀、形状规则，则物体的重心在其几何中心处。例如，质量分布均匀的乐高球的重心在球心处，轮子的重心在其轴心处，孔梁的重心在其中间位置，如图 3.1.9 所示。

重心　　　　　　重心　　　　　　　　　　重心

图 3.1.9　乐高球重心、轮子重心和孔梁重心

对于质量分布不均、形状不规则的物体可采用平衡支撑法或悬挂法寻找它的重心，例如，在长孔梁的一端插有一个长销，孔梁的重心向插销的一侧偏移，可以设计一个支架来支撑长孔梁（或用细绳悬挂孔梁），如图 3.1.10 所示，当孔梁在支架上平衡时，孔梁的重心就在支点的上方。机器人的质量分布不均，形状也不规则，可以采用支撑法来寻找它的重心位置。

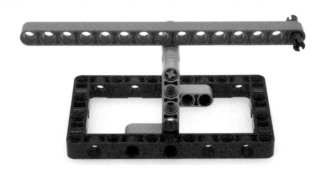

图 3.1.10　支撑法寻找重心

支撑面上物体的稳定程度叫作稳度。简单来说，物体的稳度与重心的高度和支撑面的大小有关。通过降低物体整体的重心或增大支撑面都可以提高物体的稳度，并且让物体的重心尽可能向支撑面的中心靠近。

将物体的质量下移可以降低物体的重心，例如，不倒翁之所以不会倒下，是因为它的质量大多集中在其底部，低重心让物体有着很好的稳度。支撑面指的是物体与地面接触的点所围成的面积，如图 3.1.11 所示，支撑面越大，物体的重心越偏向支撑面的中心，物体的稳度就越高。例如，站在行驶的公交车上，我们常常会把两脚分开并保持直立，两脚分开是为了增大支撑面，保持直立是为了让重心在支撑面的中心上，这样就可以站得更稳，避免公交车在启动或刹车过程中摔倒。

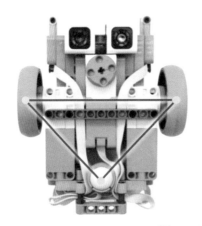

图 3.1.11　机器人的支撑面

综上所述，提高机器人的稳度和运动性能可通过以下方法。

1. 适当增大机器人的支撑面，重心移向支承面的中心附近

在机器人设计中，为了提高机器人的稳度，在设计允许的情况下，可以选用四轮机器人，

适当增大机器人的轮距和轴距，以获得较大的支撑面。

轮距与轴距

机器人两驱动轮之间的距离为驱动轮轮距，两从动轮之间的距离为从动轮轮距，驱动轮与从动轮之间的距离为轴距，如图 3.1.12 所示，对于四轮机器人，驱动轮轮距与从动轮轮距可围成一个长方形或等腰梯形。

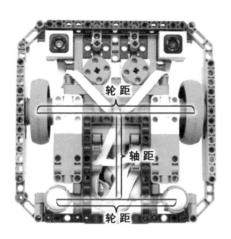

图 3.1.12　机器人的轮距与轴距

机器人的重心尽可能设计在轮子与地面的接触点围成的支撑面的中心附近，在保证机器人稳度的前提下，可以适当将重心向两驱动轮轴线的中点靠近。这样既提高了驱动轮的附着力，也减小了从动轮对地面的压力，进而减小了从动轮运动时的摩擦阻力。

若机器人有前驱运动，可在机器人底部的前方安装一个或两个悬空的支撑辅助轮，如图 3.1.13 所示，一般来说，支撑辅助轮高于地面约 2mm 或 3mm，当前驱运动的机器人在制动时，支撑辅助轮可缓解机器人的前倾现象。

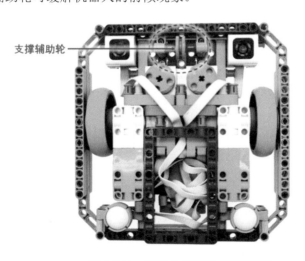

图 3.1.13　机器人前方的支撑辅助轮

2. 降低机器人的重心

机器人的整体结构要设计得低一点，尤其是密度较大的部件，如主控制器、大型电机和中型电机，在设计条件允许的情况下应尽可能安装在低处。

3. 机器人左右对称设计

机器人要左右对称设计，使质量可以左右对称分布，这样重心会在机器人的左右中线上，使得机器人左右驱动轮的附着力相同，更利于机器人的直线行驶。

4. 质量向驱动轮轴线中点集中

在机器人设计时，应充分利用内部空间，整体结构紧凑，主控制器和电机尽可能贴近设计，让机器人的整体质量向驱动轮轴线的中点集中，并优化搭建结构，减小机器人的总质量，这样可以提高机器人运动的灵活性。

▌3.1.3　巡线机器人设计

巡线机器人可安装一个或多个光电传感器，以两驱动轮轴线的中点为圆心，以半轮距为半径画圆，如图 3.1.14 所示，光电传感器可分布在弧线绿色段区域附近，其中机器人正前方中间的位置最佳。

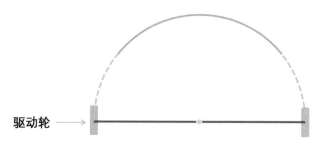

驱动轮 →

图 3.1.14　可安装光电传感器的位置

巡线机器人不添加机械臂设计，机器人质量小，为快速巡线，可选用高速的中型电机，驱动轮可适当选用偏大一些的轮子，轮距为 10 ～ 20cm。图 3.1.15 ～图 3.1.25 所示为巡线机器人的设计示例。

1. spike 巡线机器人设计

spike 巡线机器人设计选用的是中型电机，轮子选用的是直径 56mm 的拱形轮，机器人朝向光电传感器的前方行驶，以此为正方向，左驱动轮电机接端口 B，右驱动轮电机接端口 C；对于单光电巡线机器人，其光电传感器接端口 D 如图 3.1.16（a）所示，对于双光电巡线机器人，其左边的光电传感器接端口 E，其右边的光电传感器接端口 F，如图 3.1.16（b）所示；对于四光电巡线机器人，其光电传感器按从左到右顺序依次接端口 A、E、F、D。

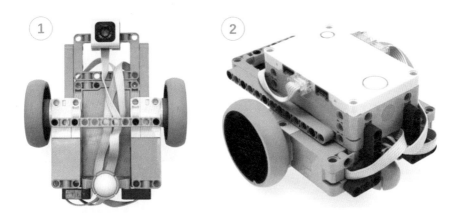

图 3.1.15　spike 巡线机器人设计图 1

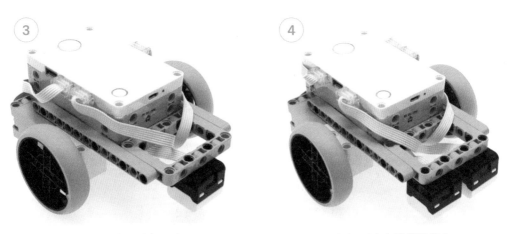

（a）单光电巡线机器人　　　　　　　　　（b）双光电巡线机器人

图 3.1.16　spike 巡线机器人设计图 2

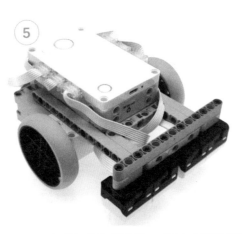

图 3.1.17　spike 巡线机器人设计图 3（四光电巡线机器人）

2. EV3 巡线机器人设计

（1）EV3 低速巡线机器人设计。

EV3 低速巡线机器人选用的是大型电机，轮子选用直径 56mm 的宽平轮，机器人朝向光电传感器的前方行驶，以此为正方向，左驱动轮电机接端口 B，右驱动轮电机接端口 C；对于单光电巡线机器人，其光电传感器接端口 1，如图 3.1.16（a）所示，对于双光电巡线机器人，其左边的光电传感器接端口 2，右边的光电传感器接端口 3，如图 3.1.16（b）所示；对于四光电巡线机器人，其光电传感器按从左到右的顺序依次接端口 1、2、3、4。

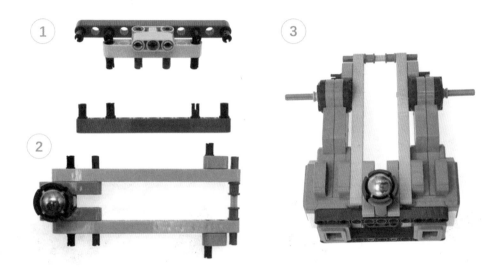

图 3.1.18　EV3 低速巡线机器人设计图 1

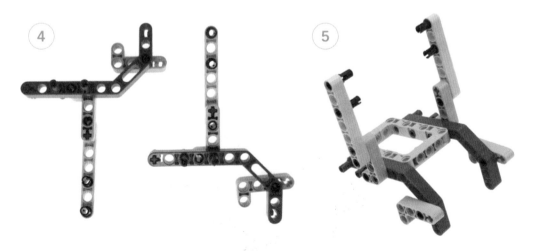

图 3.1.19　EV3 低速巡线机器人设计图 2

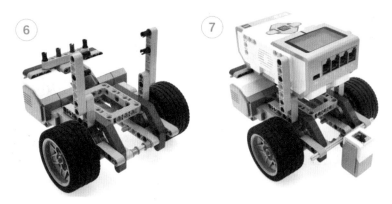

图 3.1.20　EV3 低速巡线机器人设计图 3（右图：单光电巡线机器人）

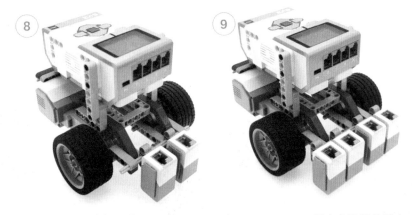

（a）双光电巡线机器人　　　　　　　　　　（b）四光电巡线机器人

图 3.1.21　EV3 低速巡线机器人设计图 4

（2）EV3 高速巡线机器人

EV3 高速巡线机器人选用的是中型电机，轮子选用直径 62.4mm 的宽平轮，机器人朝向光电传感器的前方行驶，以此为正方向，左驱动轮电机接端口 B，右驱动轮电机接端口 C；对于单光电巡线机器人，其光电传感器接端口 1，如图 3.1.24（b）所示，对于双光电巡线机器人，其左边的光电传感器接端口 2，右边的光电传感器接端口 3，如图 3.1.25（a）所示；对于四光电巡线机器人，其光电传感器按从左到右顺序依次接端口 1、2、3、4。

图 3.1.22　EV3 高速巡线机器人设计图 1

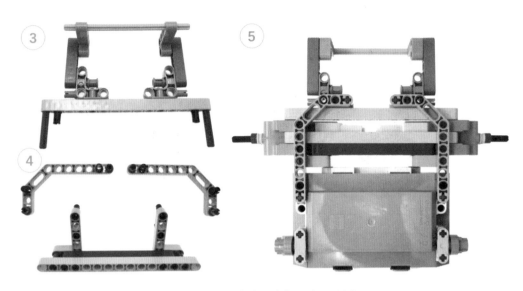

图 3.1.23　EV3 高速巡线机器人设计图 2

图 3.1.24　EV3 高速巡线机器人设计图 3（右图：单光电巡线机器人）

（a）双光电巡线机器人　　　　　　　　　　　（b）四光电巡线机器人

图 3.1.25　EV3 高速巡线机器人设计图 4

3.2 机械臂系统设计

学习目标

（1）认识机械臂系统的组成。

（2）掌握各种机械臂设计的方法，通过机械臂设计示例的学习启发创造灵感。

（3）知道各种机械臂的运动特点，学会根据竞赛任务设计机械臂，并为机械臂分配动力。

（4）通过学习机械臂的程序，学会编程控制机械臂的运动。

3.2.1 机械臂系统

机械臂系统是机器人的重要组成部分，包含机械手和机械臂，与人手臂类似。有时候机器人不需要借助机械臂系统，仅通过机器人的推动、撞击等动作也可以完成竞赛场地上的一些简单任务；但在大多数情况下，机器人要完成竞赛场地上的任务就必须用到机械臂系统，甚至还需要通过机器人的移动来协作机械臂系统完成特定任务。

在 WRO 机器人竞赛中，场地上会存在多个形状相同或类似的任务模型，这些任务模型的颜色以及需要存放的位置不同，根据竞赛规则和任务模型的取放特点，WRO 机器人的机械臂系统通常可以设计成无臂式机械手、摆臂式机械手、旋转式机械手和伸缩式机械手等。由于机器人的电机端口有限，通常选择两个电机控制机械臂系统的运动，所以 WRO 机器人的设计倾向于使用一个电机驱动多个机械手或机械臂。例如，使用一个电机可以驱动两个机械手，也可以驱动一个机械臂系统。

FLL 机器人竞赛允许机器人在 150s 内多次从基地进出。在一场比赛中，机器人通常进出基地 3 ~ 5 次，当机器人完全进入基地后，参赛者可以手动操作机器人。若按机器人 3 次进出基地来设计，由于机器人在第一次出发前有充足的时间给参赛者准备，通常机器人第一次出去执行的尽可能是需要将任务模型取回基地的任务，并将基地中需要投放的任务模型带出基地进行投放；当机器人回来并准备第二次从基地出发时，尽可能让机器人完成操作性的任务，这时参赛者可以在基地中有更多的时间来准备；当机器人第三次从基地出发时，机器人在这一趟需要完成剩余的所有任务，完成所有任务的机器人可以不必返回基地，可以停在场地上的任意位置，或按规则要求停在指定位置。如果有个别任务很难进行整合，那么机器人可以设计成 4 次或 5 次进出基地来完成场地上的所有任务。

FLL 机器人竞赛中的每一个任务往往都是不同的，机器人在一次外出执行任务的过程中又要完成多个任务，而可用于驱动机械臂的电机往往只有两个，所以机械臂在设计时通常需要一个电机带动多个机械臂的运动，甚至当某个任务完成后还需要将机械臂抛弃或进行动力分离，以便于下一个机械臂能够正常执行任务。还可以设计一些触发式机械臂，触发式机械臂不需要电机为其提供动力，仅通过触发相应的装置就可以启动机械臂来完成任务。

3.2.2 容器设计

场地上可能有一个或多个任务模型需要移动或带回基地，如果任务模型在场地的地面上，最简单的做法是让机器人直接推动它，也可以设计一个固定在机器人上的"U"形的收纳式容器，设计示例如图 3.2.1 所示，还可以设计一种只可以进入而不会逸出的容器，其设计示例与搭建方法如图 3.2.2～图 3.2.4 所示。

图 3.2.1　"U"形收纳式容器

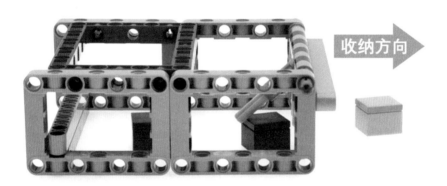

图 3.2.2　只收纳而不逸出的容器

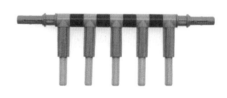

图 3.2.3　容器搭建 1

 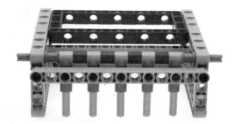

图 3.2.4　容器搭建 2

如果任务模型需要运送到指定位置，可以设计一个与机器人能够分离的容器，设计示例如图 3.2.5 所示。容器可以放置在地面由机器人直接推送，在必要时使用机械臂系统控制容器分离。还可以将容器放置在机器人上，或是悬挂在机器人的机械臂上，然后机器人将容器推送到指定位置，最后由机械臂来投放容器，其中可悬挂容器的设计示例如图 3.2.6 所示。

图 3.2.5　可推送的容器　　　　　　　图 3.2.6　可悬挂的容器

根据机器人任务的需要，容器的一侧可以设计成上下摆动或开合的，实现对任务模型的收纳、移动或定点投放，其设计示例如图 3.2.7 ～图 3.2.9 所示。

（a）打开收纳　　　　　　　　　　　（b）完成收纳

图 3.2.7　一侧可摆动的无底容器

图 3.2.8　单开合的容器

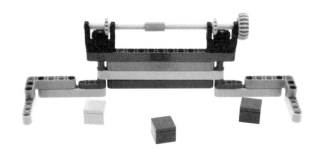 

（a）打开收纳　　　　　　　　　　　　　　　　　（b）完成收纳

图 3.2.9　双开合的容器

　　还可以给容器的底部设计一个开合装置，其设计示例如图 3.2.10 和图 3.2.11 所示。通过机械臂的运动，例如，齿条上移，容器底部打开，任务模型可自动落入指定的位置。

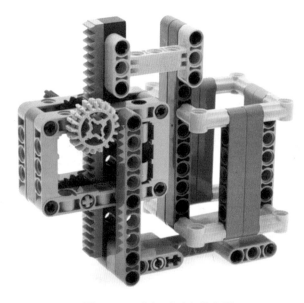

图 3.2.10　底部可开合的容器

（a）收纳状态　　　　　　　　　　　　（b）投放状态

图 3.2.11　容器底部的开合

如果任务模型需要放置到高于场地地面的平台上，可以设计一个侧面和底部都可以打开的容器，其设计示例如图 3.2.12 所示。

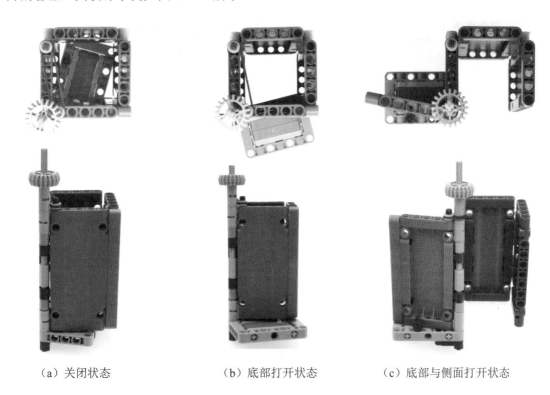

（a）关闭状态　　　　　（b）底部打开状态　　　　（c）底部与侧面打开状态

图 3.2.12　侧面和底部都可打开的容器

如果有多个形状相同或相似的任务模型需要分类投放，可以设计分类投放的容器。投放的方法可以采用齿条移动投放或连杆移动投放，其设计示例如图 3.2.13 和图 3.2.14 所示。

（a）齿条左移准备投放　　　　　　　　　　　（b）齿条右移投放 3 号梁

图 3.2.13　齿条移动投放的容器

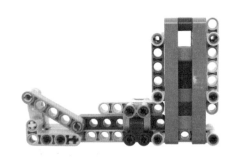 

（a）准备投放　　　　　　　　　　　（b）投放一个 3 号梁

图 3.2.14　连杆移动投放的容器

3.2.3　杆式机械臂设计

竞赛机器人的机械臂多倾向于简单的机械臂设计，其中使用较多的是杆式机械臂。杆式机械臂由杠杆、连杆等结构完成设计。

杆式机械臂的运动形式通常有摆动（摆动方向：上下、左右和倾斜）、伸缩移动（移动方向：前后、左右和升降）以及摆动和伸缩的组合运动。杆式机械臂可以由电机通过齿轮、滑轮、链条、履带、蜗杆、齿条等传动机构来驱动，也可以由橡筋弹力、气动力、重力（地球引力）等其他力驱动，还可以在机器人上直接设计一个无动力驱动的固定式机械臂，配合机器人的移动，通过机械臂的推、拉、拨、戳、敲、钩、击、旋转等动作来完成场地上的任务。

简易的杆式机械臂可选用梁、轴等积木件进行设计，其形状可以是直的或弯的，例如"一"字形、"L"形、"U"形、"T"形、钩形等，设计示例如图 3.2.15～图 3.2.22 所示。

图 3.2.15 两种"一"字形杆式机械臂（分别由轴和梁设计）

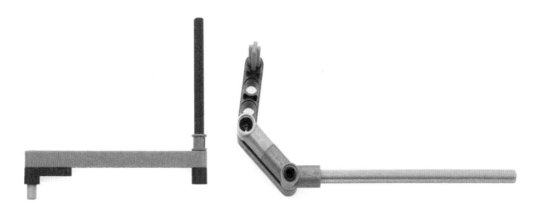

图 3.2.16 两种"L"形机械臂

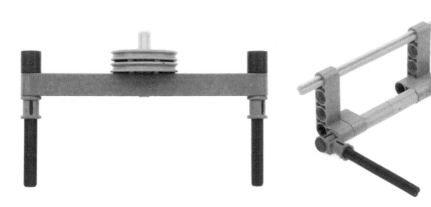

图 3.2.17 "U"形机械臂（可连续旋转）　　　图 3.2.18 "U"形机械臂（叉式）

图 3.2.19 "T"形机械臂

图 3.2.20 钩形机械臂（机械臂可固定）

图 3.2.21 钩形机械臂（机械臂需上下摆动）

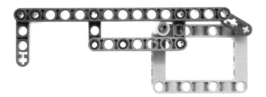 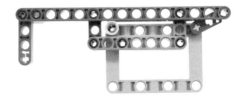

图 3.2.22 钩形机械臂（左右往复运动）

3.2.4 连杆机械臂

杆式机械臂可以设计成平面四边形连杆机构，连杆机构能够让机械臂实现各种复杂的运动，可以增强机械臂的牢固性和负载能力。连杆式机械臂通常以连杆机构的一个边为摆臂，根据任务需求，选用平行四边形（双曲柄）、曲柄摇杆、双摇杆或曲柄滑块等机构带动机械臂，设计示例如图 3.2.23 ～图 3.2.30 所示。

（a）收起状态（左移）　　　　　　　（b）伸出状态（右移）

图 3.2.23 连杆式机械臂设计 1

（a）抬升状态　　　　　　　　　　（b）下摆状态

图 3.2.24 连杆式机械臂设计 2

（a）抬升收起状态　　　　　　　　（b）下摆展开状态

图 3.2.25　连杆式机械臂设计 3

（a）抬升状态　　　　　　　　　　（b）下摆状态

图 3.2.26　连杆式机械臂设计 4

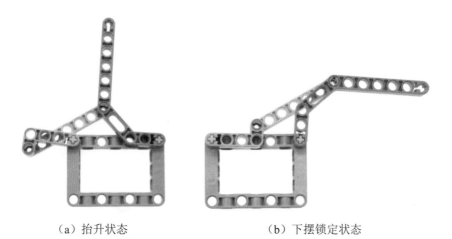

（a）抬升状态　　　　　　　　　　（b）下摆锁定状态

图 3.2.27　连杆式机械臂设计 5

图 3.2.28　连杆式机械臂设计 6

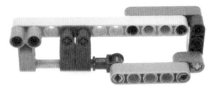

（a）关闭状态

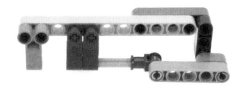

（b）释放状态

图 3.2.29　连杆式机械臂设计 7

（a）装载状态

（b）释放状态

图 3.2.30　连杆式机械臂设计 8

3.2.5　齿条机械臂设计

齿条传动可以实现直线移动，运用齿条机构设计的机械臂可以左右移动、前后移动和升降移动等，设计示例如图 3.2.31 和图 3.2.32 所示。

图 3.2.31　齿条机械臂设计 1　　　　　图 3.2.32　齿条机械臂设计 2

齿轮在驱动齿条机械臂移动时，还可以利用齿条传动的特点，实现齿条机械臂的动力分离，分离后的齿条机械臂可选择继续由机器人携带，也可以选择脱离机器人，其设计示例如图 3.2.33 和图 3.2.34 所示。

（a）传动状态　　　　　　　　　　（b）动力分离状态

图 3.2.33　齿条机械臂的运动与分离（携带齿条）

（a）传动状态　　　　　　　　　　（b）动力分离状态

图 3.2.34　齿条机械臂的运动与分离（抛弃齿条）

3.2.6　弹力辅助机械臂设计

橡筋是橡胶制品，它拥有一定的弹力，乐高提供 4 种常用橡筋圈，在橡筋弹性限度的范围内，橡筋弹力的大小与橡筋的伸长量成正比。利用橡筋可以实现机械臂弹性运动，也可以让随意摆动的机械臂保持在初始位置；对于负载较重的机械臂，可以采用橡筋弹力辅助，增大机械臂的抬升力量，也可以控制机械臂缓缓落下，起到缓冲作用；利用橡筋弹力可以辅助连杆机构产生间歇式的弹击效果，弹力辅助机械臂的设计示例如图 3.2.35 ～图 3.2.40 所示。

图 3.2.35　可弹性运动的限位机械臂（机械臂被直角梁下限位）

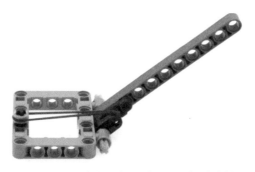

图 3.2.36　弹力辅助机械臂运动或初始定位

图 3.2.37　弹性机械臂设计 1

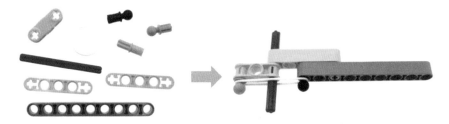

图 3.2.38　弹性机械臂设计 2

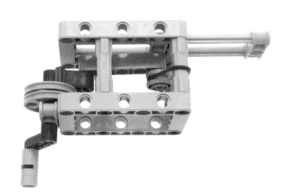

图 3.2.39　间歇弹击式机械臂设计 1

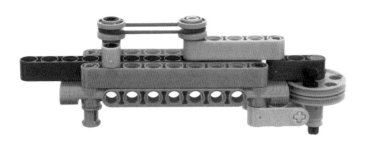

图 3.2.40　间歇弹击式机械臂设计 2

3.2.7　滑道机械臂

　　机械臂可以设计成滑道，滑道可呈凹槽状，任务模型能够沿着凹槽滑动。凹槽式滑道机械臂有全摆动滑道和半摆动滑道两种，其设计示例如图 3.2.41 和图 3.2.42 所示。

图 3.2.41　全摆动滑道机械臂

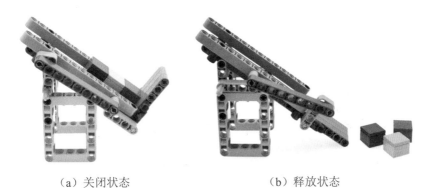

（a）关闭状态　　　　　　　　　（b）释放状态

图 3.2.42　半摆动滑道机械臂

　　滑道也可以由梁或轴设计成细长的杆状，将任务模型插入杆中，模型能够沿着杆的方向滑动，这样的滑道可以由一根轴或梁等细长形积木进行设计，其设计示例如图 3.2.43 所示。当机械臂下摆成斜向下的状态时，任务模型就会沿着机械臂滑落下来。

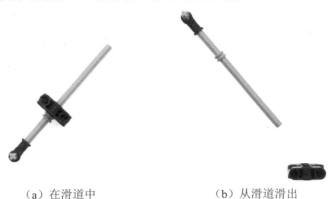

（a）在滑道中　　　　　　　　　（b）从滑道滑出

图 3.2.43　杆式滑道机械臂

3.2.8　机械臂系统设计

1. 机械手设计

　　机械手是机器人模仿人手的动作，按设定的程序对物体进行抓取、搬运、投放或操作某种工具的装置。在机器人竞赛中，使用较多的是夹持型机械手。夹持型机械手可选择齿轮、蜗杆、连杆等传动机构来设计，其设计示例如图 3.2.44 ～图 3.2.46 所示。

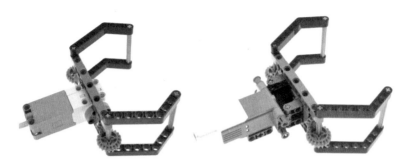

图 3.2.44　机械手设计（齿轮）

图 3.2.45　机械手设计（蜗杆）

图 3.2.46　机械手设计（连杆）

增大机械手的摩擦力

　　乐高零件的表面大多比较光滑，使用乐高积木搭建的机械手抓取物体时容易滑落。为了增大机械手的抓取力，除了增大机械手的抓取力量之外，还可以在机械手的指端添加容易产生较大摩擦力的零件，例如使用橡筋或橡胶零件，这些零件可以大大增加机械手的抓取力，设计示例如图 3.2.47 所示。

图 3.2.47　机械手与橡筋、橡胶件设计

2. 机械臂系统设计

机器人竞赛的场地通常是平整的，也比较光滑，若夹取体积小、质量轻的任务模型，则机械手可以是固定的，机械手夹取物体后可以在场地上直接拖动。若机器人需要将任务模型从框内取出，或是将物体投放到高处等，则必须给机械手添加一个可运动的机械臂，机械臂的运动包括摆动、旋转、伸缩等动作。摆动式机械臂可选择摆杆设计、连杆设计、绳索牵引设计，等等；旋转式机械臂可选择齿轮转台进行设计；伸缩式机械臂可选择齿条进行设计，各种机械臂系统的设计示例如图 3.2.48～图 3.2.50 所示。

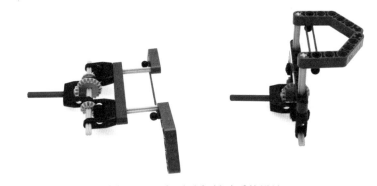

图 3.2.48　摆动式机械臂系统设计

图 3.2.49　旋转式机械臂系统设计

图 3.2.50　伸缩式机械臂系统设计

3.2.9　触发式机械装置设计

根据任务模型的形状特征和任务需求，利用机器人的移动或机械臂的运动，可以巧妙地设计触发式机械装置。触发式机械装置不需要电机为其提供动力，仅通过与场地上固定的模型和墙壁接触就可以启动，也可以利用物体运动的惯性来启动，还可以通过机械臂的运动来启动。触发式机械装置的动力主要来自于推力（机器人推动）、重力（地球引力）、弹力（橡筋、弹簧、轴弯曲……）、气动力等，其设计示例如图 3.2.51 ～图 3.2.58 所示。

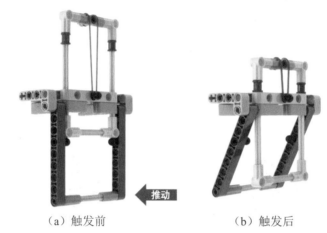

（a）触发前　　　　　　　　　（b）触发后

图 3.2.51　推力触发的机械装置设计 1

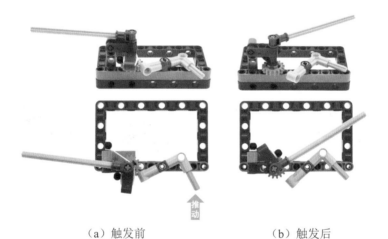

（a）触发前　　　　　　　　　（b）触发后

图 3.2.52　推力触发的机械装置设计 2

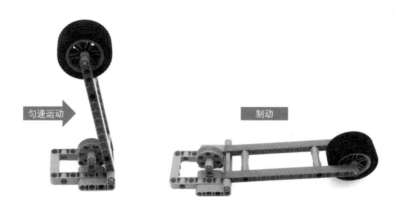

图 3.2.53　惯性触发的机械装置（制动时自动倒下）

（a）触发前　　　　　　　　　　　（b）触发后

图 3.2.54　机械臂运动触发的机械装置

图 3.2.55　推力辅助的触发式机械装置搭建

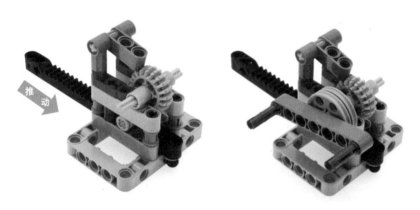

图 3.2.56　推力辅助的触发式机械装置

图 3.2.57　弹力辅助的触发式机械装置

（a）触发前　　　　　　　　　　　　　　（b）触发后

图 3.2.58　重力辅助的触发式机械装置（重力让圆形模块落下）

触发式机械装置的设计多种多样，其中以推力和弹力辅助的触发式机械装置较多。触发式机械装置的设计需要根据任务及其所处环境的特点，选择合适的触发方式和动力源。理论上来说，任何机械臂系统都可以设计成触发式，但在实际的应用中，机械臂系统的设计还需要综合很多因素，根据任务模型的形状、质量、位置等特征，充分利用任务模型周围环境的优势，在兼顾多个任务的前提下，设计出简单、稳定、高效的触发式机械装置。

3.2.10　电机动力分配

竞赛机器人的设计难点往往不是针对某个任务来设计一个独立的机械臂，真正的难点在于如何找到完成各任务的方法的相似性，一个设计巧妙的机械臂能够完成更多的任务；或是使用一个电机通过动力分离等方法控制多个机械臂运动，例如，可弹性运动的机械臂能够实现单电机驱动多个不同旋转角度的机械臂运动。

在一个电机控制多个机械臂的设计中，如果某个机械臂的摆动角度是有限的，而另一个机械臂的摆动角度是无限的，则可以使用离合传动机构控制摆动角度有限的机械臂，当该机械臂卡住时，另一个机械臂仍可正常工作；若任务允许，也可以将摆角有限的机械臂设计成齿条结构，当该机械臂的任务完成时，利用齿轮与齿条的分离实现另一个机械臂的无限旋转。

若竞赛中的某个任务需要机械臂的旋转角度是无限的，而另一个任务既可以选择设计成有限摆幅的机械臂，也可以选择设计成无限旋转的机械臂。这种情况下就可以使用一个电机设计两个可无限旋转的机械臂，分别完成这两个任务。

在机械臂的设计中，若两个机械臂的旋转角度不同，可以采用对其中一个机械臂进行离合传动设计或齿轮加速（减速）设计，以此达到一个电机可以同时控制两个机械臂的目的。

从以上分析可以看出，要想设计一个功能强大的机械臂，或是一个电机能够控制多个机械臂，需要掌握各种机械以及机械传动的知识，并且还需要设计者能够根据单个任务想出尽可能多的完成方法。

3.2.11　机械臂编程

机械臂的动作是通过程序进行控制的，旋转的电机通过各种机械传动将动力传递到机械臂上，虽然电机旋转的控制精度可达 1°，但在实际动力传递的过程中，由于机械传动的空隙和积木件的扭曲形变，难以实现对机械臂运动的精准控制。若对机械臂的定位要求不高，可直接选用电机旋转指定角度的方式进行编程控制；若机械臂的运动需要精确定位，可采用程序与机械限位联合控制。

机械限位通过结构搭建的方法将机械臂限制在允许的摆动范围内，对应的机械臂程序可采用电机保护程序，即启动电机一直旋转，直到电机旋转的速度降低，机械臂被限位不能运动，这时程序自动控制电机停止旋转。例如，现在需要控制摆动式机械臂旋转 90°，其机械臂与机械限位设计示例如图 3.2.59 所示，对应的程序设计示例如图 3.2.60 所示。

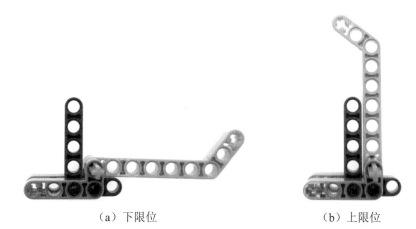

（a）下限位　　　　　　　　　　　　（b）上限位

图 3.2.59　机械限位的机械臂（90° 内摆动）

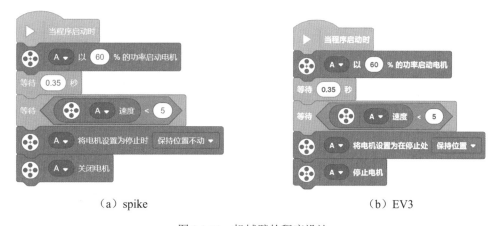

（a）spike　　　　　　　　　　　　（b）EV3

图 3.2.60　机械臂的程序设计

机械限位可以应用在各种机械臂系统中，为了避免机械传动不稳定，可以先让机械臂旋转一定的角度（这个角度应小于机械臂的最大运动角度），然后再启用电机保护程序，例如，对一个由齿条传动的机械臂，如图 3.2.61 所示，其对应的程序设计示例如图 3.2.62 所示。

图 3.2.61　齿条传动的限位设计

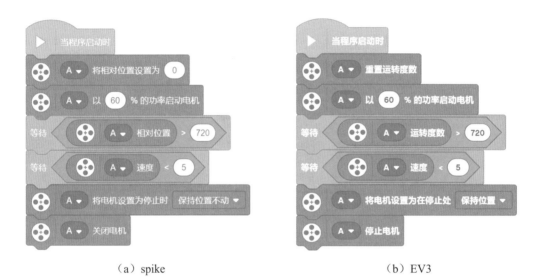

（a）spike　　　　　　　　　　（b）EV3

图 3.2.62　优化的机械臂程序设计

3.3　FLL 竞赛机器人设计

学习目标 ✎

（1）知道 FLL 竞赛及竞赛中的操作过程。

（2）学会设计 FLL 机器人主机和机械平台，学会在机械平台上进行机械臂系统设计和动力传动设计。

（3）学会根据机器人往返基地的次数和机器人主控制器的按钮数量设计 FLL 主程序。

竞赛机器人的设计有两种：整体式机器人设计和分离式机器人设计。整体式机器人是将机械臂系统和机器人主机设计为一个整体，常应用于 WRO 机器人竞赛中，其中主机由主控制器、电机和传感器组成。分离式机器人的机械臂系统和机器人主机是可以分离的，分离式机器人可以实现机械臂系统的快速更换，非常适合任务种类较多的 FLL 机器人竞赛。

▍3.3.1　FLL 机器人竞赛

FLL 机器人竞赛要求机器人在150s内尽可能多地完成竞赛场地中的任务，机器人可以可以从基地出发一次，也可以从基地出发多次，当机器人进入基地时，可以进行手动干预，例如重新启动机器人、维修机器人、更换机器人的机械臂系统等。FLL 场地一般设有近 20 个任务，机器人从基地出发一次完成场地上的所有任务几乎是不可能的，通常需要从基地出发 3 ～ 5 次才能完成场地上的所有任务，机器人每次返回基地后都需要参赛者迅速地为机器人更换机械臂系统，以便机器人能够顺利完成接下来的任务。

为了实现机器人机械臂系统的快速更换，可以将机械臂系统与机器人主机进行分离设计，如图 3.3.1 所示。机械平台用于机械传动设计和机械臂系统设计，机械平台可以轻松实现各方向和位置上的机械传动，满足各种机械臂系统的设计要求。机械平台有两个动力对接点，当机械平台与主机对接后，电机输出的动力就能够稳定地传输到机械平台上，从而驱动机械臂系统的运动。

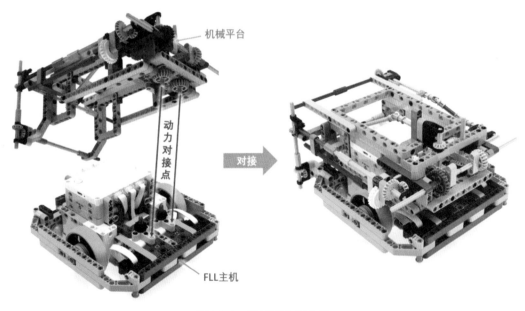

图 3.3.1　机械平台与主机

在竞赛机器人的设计中，机器人设计多使用圈梁，如图 3.3.2 所示，圈梁属于正交形孔梁，其三维空间结构搭建的拓展性好，有利于机械传动的设计。使用圈梁设计结构稳定，同时还可以减少零件的使用数量，提高搭建效率。

图 3.3.2　各种圈梁

下面将给出各种机器人主机与机械平台设计参考，但这些设计不是唯一的，可以根据竞赛任务进行改进。例如，对于机器人主机，可以更换主机的轮子，更改边框大小和边框形状，更换万向轮或位置，在主机边框上添加导向轮等。机械平台除了动力对接点需要保留，其他搭建的部分都可以进行任意改进，改进的目的是易于实现各种机械传动和机械臂系统的设计，为竞赛机器人的设计提供便利。

3.3.2　FLL 竞赛机器人主机设计（spike）

运用 spike 机器人设计主机，spike 控制器共有 6 个外接端口，每个端口可以连接电机或传感器，需要两个大型电机驱动左、右驱动轮，两个中型电机驱动机械臂，还需要两个光电传感器，这两个传感器安装在机器人前方。虽然机器人只外接了两个传感器，但主控制器还内置了更稳定的三轴陀螺仪传感器和三轴加速度传感器，FLL 机器人主机设计如图 3.3.3 ～图 3.3.15 所示。

图 3.3.3　FLL 竞赛机器人主机设计 1（spike）

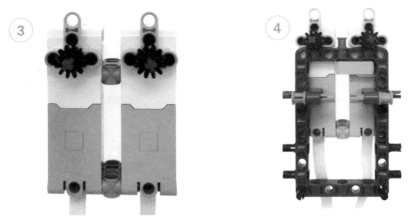

图 3.3.4　FLL 竞赛机器人主机设计 2（spike）

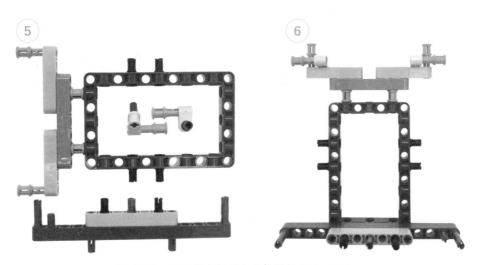

图 3.3.5　FLL 竞赛机器人主机设计 3（spike）

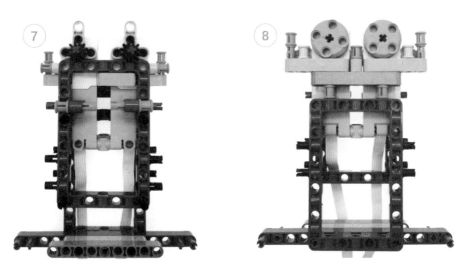

图 3.3.6　FLL 竞赛机器人主机设计 4（spike）

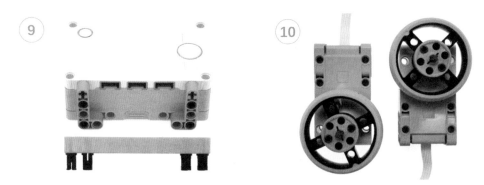

图 3.3.7　FLL 竞赛机器人主机设计 5（spike）

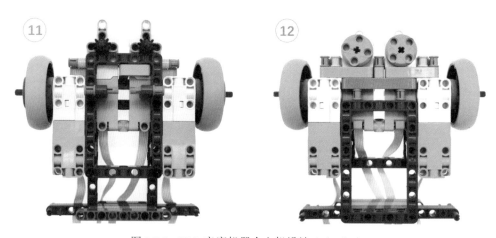

图 3.3.8　FLL 竞赛机器人主机设计 6（spike）

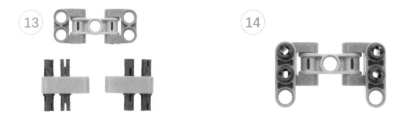

图 3.3.9　FLL 竞赛机器人主机设计 7（spike）

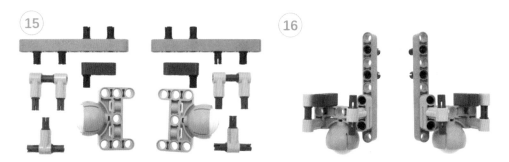

图 3.3.10　FLL 竞赛机器人主机设计 8（spike）

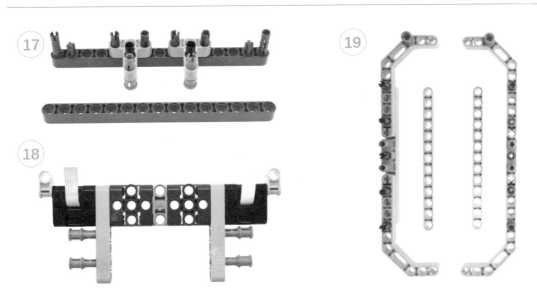

图 3.3.11　FLL 竞赛机器人主机设计 9（spike）

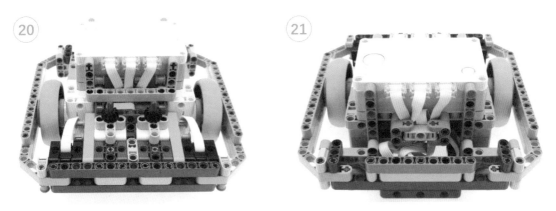

图 3.3.12　FLL 竞赛机器人主机设计 10（spike）

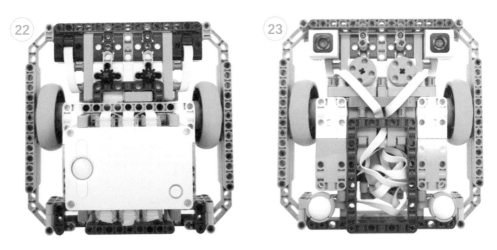

图 3.3.13　FLL 竞赛机器人主机设计 11（spike）

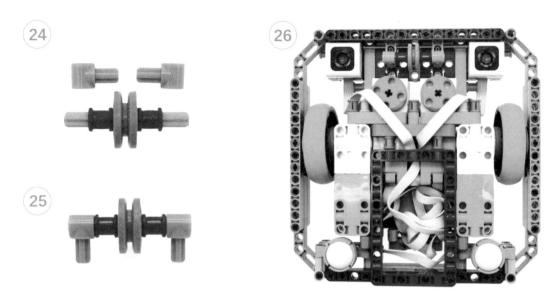

图 3.3.14 FLL 竞赛机器人主机设计 12（spike）

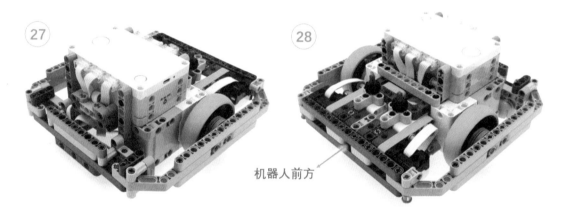

图 3.3.15 FLL 竞赛机器人主机设计 13（spike）

以光电传感器所在的位置为机器人的前方，如图 3.3.15 的右图所示，左驱动轮的大型电机接端口 B，右驱动轮电机接端口 C，左边的中型电机接端口 A，右边的中型电机接端口 D，左边的光电传感器接端口 E，右边的光电传感器接端口 F。

3.3.3 FLL 竞赛机器人机械平台设计（spike）

spike 机器人的机械平台提供两种设计参考，这两种机械平台的功能完全一样，在竞赛中可任意选用，其中第一种机械平台的设计如图 3.3.16 ～图 3.3.25 所示，第二种机械平台设计如图 3.3.26 ～图 3.3.35 所示。

1. 第一种设计方法

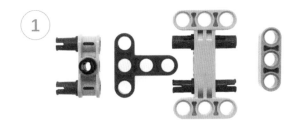

图 3.3.16 FLL 竞赛机器人机械平台设计 1（spike）

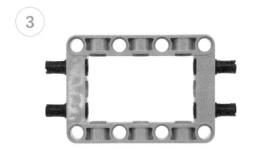

图 3.3.17 FLL 竞赛机器人机械平台设计 2（spike）

图 3.3.18 FLL 竞赛机器人机械平台设计 3（spike）

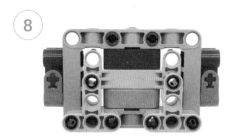

图 3.3.19 FLL 竞赛机器人机械平台设计 4（spike）

图 3.3.20　FLL 竞赛机器人机械平台设计 5（spike）

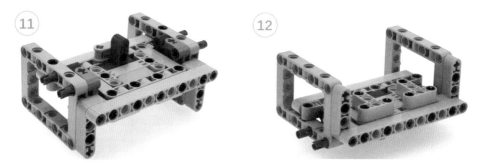

图 3.3.21　FLL 竞赛机器人机械平台设计 6（spike）

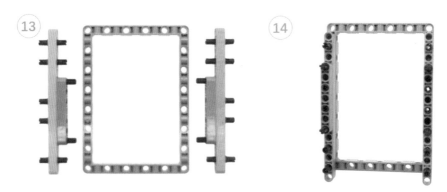

图 3.3.22　FLL 竞赛机器人机械平台设计 7（spike）

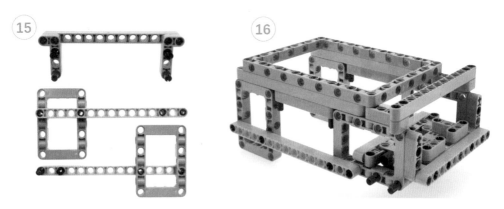

图 3.3.23　FLL 竞赛机器人机械平台设计 8（spike）

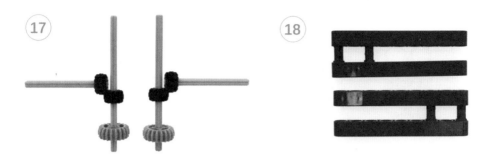

图 3.3.24　FLL 竞赛机器人机械平台设计 9（spike）

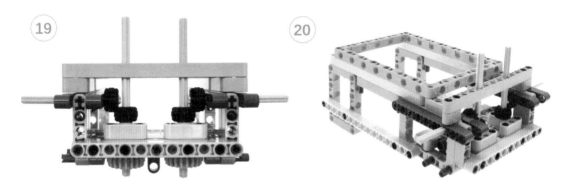

图 3.3.25　FLL 竞赛机器人机械平台设计 10（spike）

2. 第二种设计方法

图 3.3.26　FLL 竞赛机器人机械平台设计 1（spike）

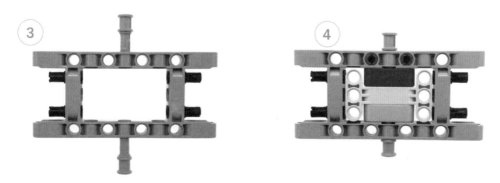

图 3.3.27　FLL 竞赛机器人机械平台设计 2（spike）

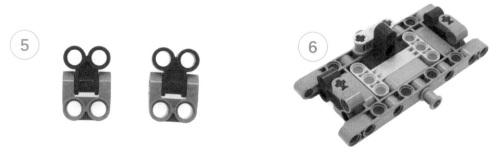

图 3.3.28　FLL 竞赛机器人机械平台设计 3（spike）

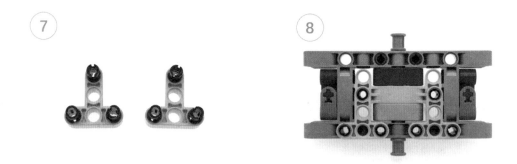

图 3.3.29　FLL 竞赛机器人机械平台设计 4（spike）

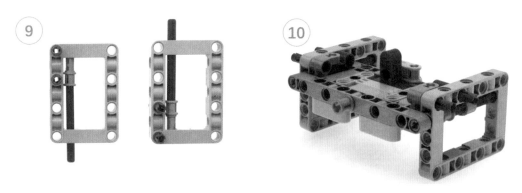

图 3.3.30　FLL 竞赛机器人机械平台设计 5（spike）

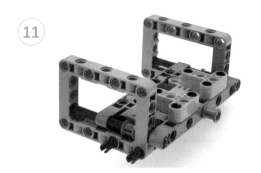

图 3.3.31　FLL 竞赛机器人机械平台设计 6（spike）

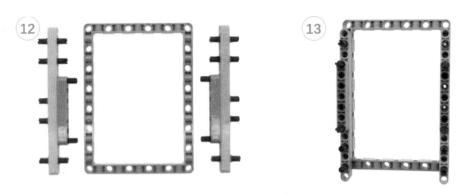

图 3.3.32　FLL 竞赛机器人机械平台设计 7（spike）

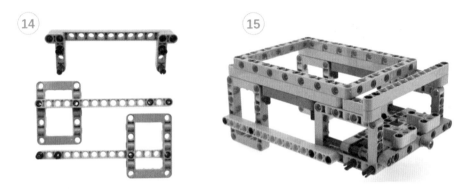

图 3.3.33　FLL 竞赛机器人机械平台设计 8（spike）

图 3.3.34　FLL 竞赛机器人机械平台设计 9（spike）

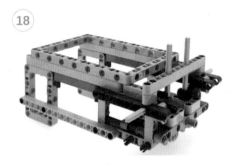

图 3.3.35　FLL 竞赛机器人机械平台设计 10（spike）

3.3.4　FLL 机械平台拓展设计（spike）

　　机械平台拓展设计是在原有机械平台设计的基础上，更换齿轮传动的方法，如图 3.3.36 和图 3.3.37 所示，提高动力传动的稳定性，也有利于机械传动的拓展。在机械平台上添加各种齿轮传动设计以及多方向上动力传输的示例，如图 3.3.38 和图 3.3.39 所示。

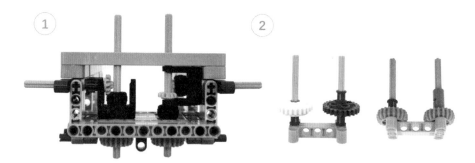

图 3.3.36　FLL 机械平台拓展设计 1（spike）

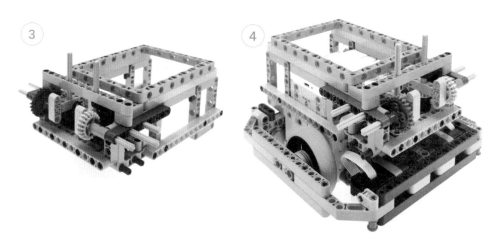

图 3.3.37　FLL 机械平台拓展设计 2（spike）

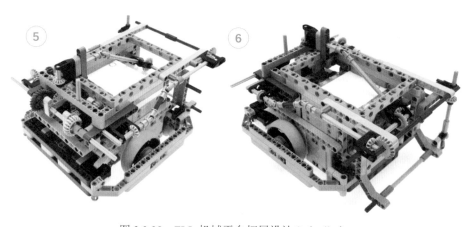

图 3.3.38　FLL 机械平台拓展设计 3（spike）

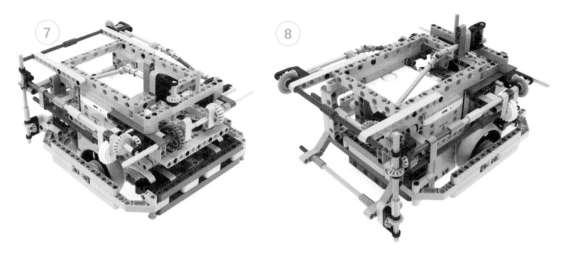

图 3.3.39 FLL 机械平台拓展设计 4（spike）

3.3.5 FLL 竞赛机器人主机设计（EV3）

EV3 控制器有 4 个电机端口和 4 个传感器端口，FLL 竞赛机器人的设计几乎要用到所有的端口，两个大型电机驱动左、右驱动轮，两个中型电机驱动机械臂，至少需要两个光电传感器用于场地光值的检测和巡线，这两个光电传感器安装在机器人前方，有时在机器人的后方也会安装 1、2 个光电传感器，或者在机器人上安装一个陀螺仪传感器，FLL 机器人主机设计如图 3.3.40 ～图 3.3.49 所示。

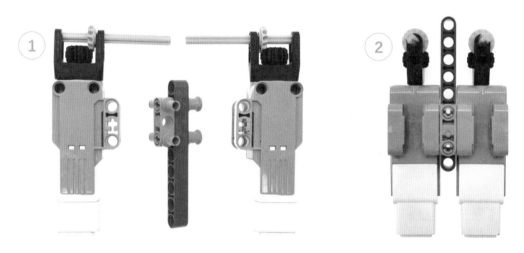

图 3.3.40 FLL 竞赛机器人主机设计 1（EV3）

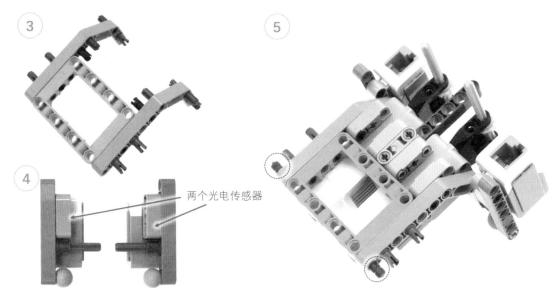

③

④

两个光电传感器

⑤

图 3.3.41　FLL 竞赛机器人主机设计 2（EV3）

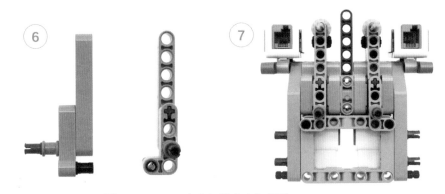

⑥

⑦

图 3.3.42　FLL 竞赛机器人主机设计 3（EV3）

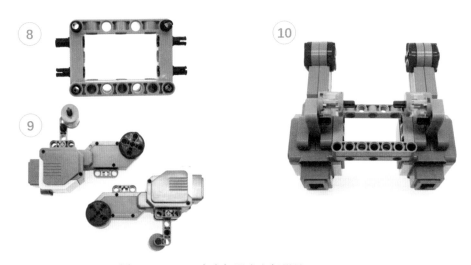

⑧

⑨

⑩

图 3.3.43　FLL 竞赛机器人主机设计 4（EV3）

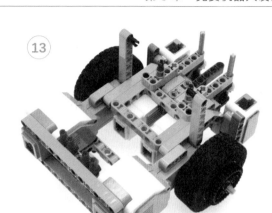

图 3.3.44　FLL 竞赛机器人主机设计 5（EV3）

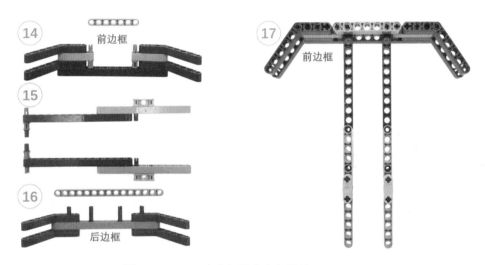

图 3.3.45　FLL 竞赛机器人主机设计 6（EV3）

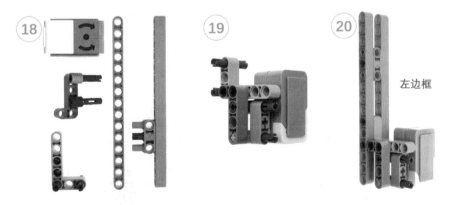

图 3.3.46　FLL 竞赛机器人主机设计 7（EV3）

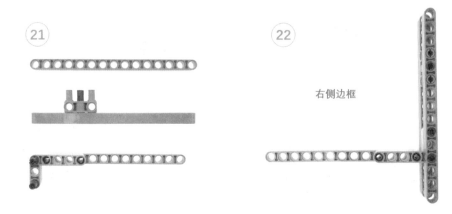

图 3.3.47　FLL 竞赛机器人主机设计 8（EV3）

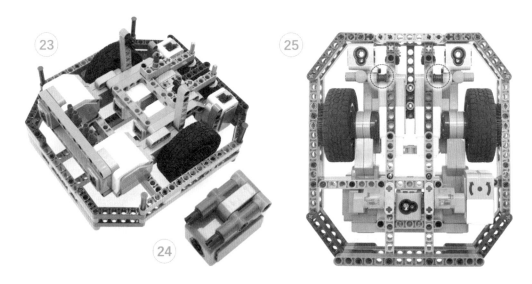

图 3.3.48　FLL 竞赛机器人主机设计 9（EV3）

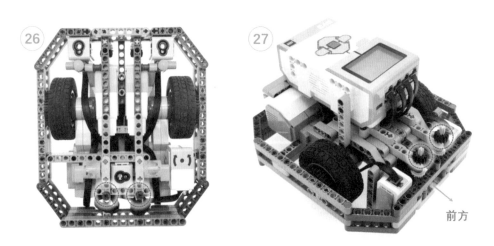

图 3.3.49　FLL 竞赛机器人主机设计 10（EV3）

以两个光电传感器所在的位置为机器人的前方，如图 3.3.49 的右图所示，左驱动轮的大型电机接端口 B，右驱动轮电机接端口 C，左边的中型电机接端口 A，右边的中型电机接端口 D，左边的光电传感器接端口 2，右边的光电传感器接端口 3，陀螺仪传感器接端口 1，后方的光电传感器接端口 4。

3.3.6　FLL 机械平台设计（EV3）

EV3 机器人的机械平台设计与 spike 类似，机械平台能够将动力传递到平台的各个方向上，其设计示例如图 3.3.50 ～图 3.3.55 所示，在实际使用中可以根据任务需要进行改进，便于机械臂和机械传动的设计。

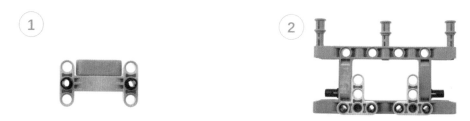

图 3.3.50　FLL 机械平台设计 1（EV3）

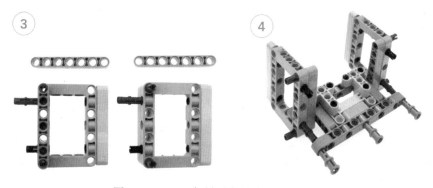

图 3.3.51　FLL 机械平台设计 2（EV3）

图 3.3.52　FLL 机械平台设计 3（EV3）

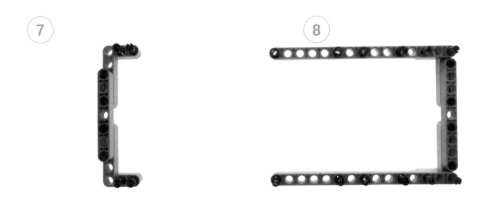

图 3.3.53　FLL 机械平台设计 4（EV3）

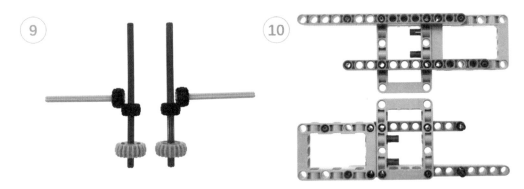

图 3.3.54　FLL 机械平台设计 5（EV3）

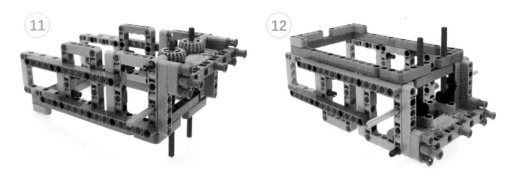

图 3.3.55　FLL 机械平台设计 6（EV3）

3.3.7　FLL 机械平台拓展设计（EV3）

在机械平台上添加齿轮、轴和 U 形件等积木，通过对机械平台的拓展设计，可以将动力传送到机械平台的各个方向上，如图 3.3.56 和图 3.3.57 所示，整体设计简单，机械传动灵活且效率高，非常有利于各种机械臂的设计。

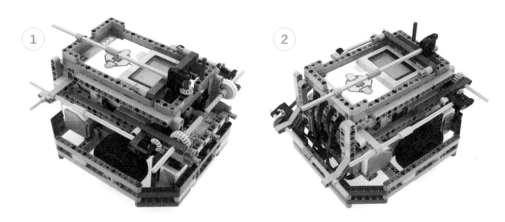

图 3.3.56　FLL 机械平台拓展设计 1（EV3）

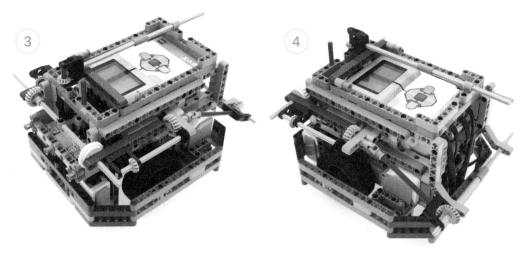

图 3.3.57　FLL 机械平台拓展设计 2（EV3）

3.3.8　FLL 竞赛机器人主程序设计

在大多数机器人竞赛中，其规则一般都要求机器人至少从基地出发一次，比赛结束时，有的需要机器人回到基地；有的需要其停在指定位置；还有的需要其回到终点位置。而在 FLL 机器人竞赛中，机器人在 150s 内可以从基地多次出发，一般会出发 3 ～ 5 次，为了减少操作时间，可以利用机器人主控制器的按钮，设计一个机器人的主程序。在比赛时，只需要按下主控制器上的相应按钮，机器人就会从基地出发去执行相应任务。

spike 主控制器通过编程可控制左、中、右 3 个按钮，不满足一个按钮控制一次机器人的出发。所以需要采用一个按钮控制多次机器人出发的方式，其设计思路为：当按下右按钮时，机器人就会执行下一次出发的程序；当按下左按钮时，机器人就会执行上一次出发的程序，其程序设计示例如图 3.3.58 所示。

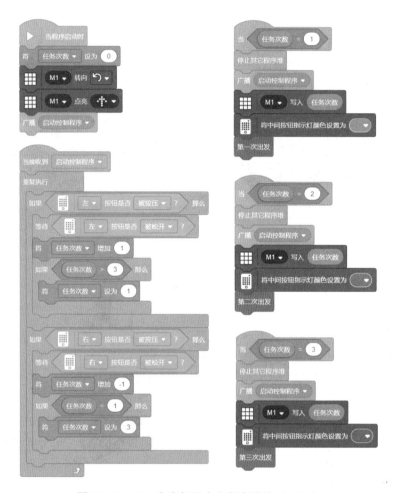

图 3.3.58　FLL 竞赛机器人主程序设计（spike）

在一次 FLL 机器人竞赛中，机器人一般往返基地 3～5 次，在 EV3 控制器上有上、下、左、右、中 5 个按钮，可用单个按钮控制机器人的一次出发。下面给出两种程序设计方法供选用，如图 3.3.59 和图 3.3.60 所示。

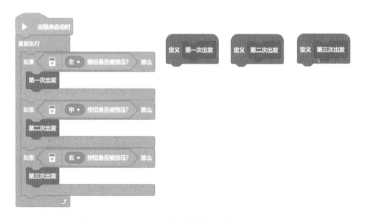

图 3.3.59　FLL 主程序设计方法 1（EV3）

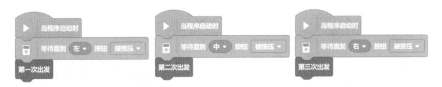

图 3.3.60　FLL 主程序设计方法 2（EV3）

3.4　WRO 竞赛机器人设计

学习目标

（1）认识 WRO 机器人竞赛的特点。

（2）学会根据具体的竞赛任务设计 WRO 机器人。

　　WRO 机器人竞赛设小学组、初中组和高中组，其竞赛难度也是逐级增加。WRO 机器人竞赛需要参赛学生设计一个机器人，并让机器人在 120s 内尽可能多地完成场地上的任务，机器人的大小不能超过边长 25cm 的立方体空间。

　　WRO 机器人的设计需要考虑机器人完成任务的精准性和成功率，尤其在小学和初中 WRO 机器人竞赛中，更要考虑机器人完成所有任务的时间，因为小学和初中的 WRO 机器人竞赛相对简单，一般都能完成场地上的所有任务，因此完成任务的时间就非常重要。高中 WRO 机器人竞赛任务复杂，若要成功完成所有任务是非常困难的，所以高中 WRO 机器人竞赛的目标是争取在有限的时间内完成更多的任务。

　　WRO 机器人的驱动轮电机可选用大型电机或中型电机，若机器人的整体结构小，质量轻，竞赛任务相对简单，尤其是小学 WRO 机器人的设计，通常选用高速中型电机来驱动轮子，而高中 WRO 机器人竞赛任务复杂，机器人的整体结构较大，所以通常选用动力更大的大型电机来驱动轮子。驱动轮可以选用 62.4mm 轮或 56mm 轮，很少用直径更大的轮子。

　　WRO 机器人竞赛任务多是对场地上的任务模型进行收集、分类和投放，可以一次取一个任务模型进行投放；或一次取两个或更多的任务模型进行投放；也可以一次性全部取完再投放。

　　在设计 WRO 机器人时，如果采用一次取一个的方法，这样的机器人设计整体简单，无仓储结构，结构轻巧，机器人机动性好、移动速度快，但需要行走更多的路径，其设计示例如图 3.4.1 所示。

　　如果采用一次全部取完的方法，机器人的整体设计会较复杂，还需要设计仓储结构来存放和分类任务模型，其质量和体积都会增大，机器人机动性差，移动速度慢，但机器人移动的路径较少，其设计示例如图 3.4.2 ～图 3.4.5 所示。根据任务需要，仓储结构可以设计成固定的，也可以设计成移动的。

图 3.4.1　无仓储机器人设计（小学组）

图 3.4.2　仓储机器人设计 1（初中组）

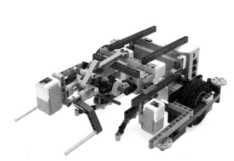

图 3.4.3　仓储机器人设计 2（初中组）

图 3.4.4　仓储机器人设计 3（高中组）

图 3.4.5　仓储机器人设计 4（小学组）

　　如果采用一次取两个的方法，其机器人的设计难度以及机器人移动速度和稳定性处在以上两种方法的中间，可以选择设计仓储机器人或无仓储机器人。若选择无仓储设计，可以将多个任务模型由机械臂夹持运送。

　　以上 3 种设计方法各有优劣，在机器人设计中，设计者需要根据具体的竞赛任务，结合设计的可行性，在保证机器人的稳定性的前提下选择合适的设计方法。由于 WRO 竞赛的任务模型大小和形状不同，任务完成的方法也各不相同，所以 WRO 机器人无特定设计方法，需要参赛者根据实际的竞赛任务设计出相应功能的机器人。

3.5　机器人的运动与定位

学习目标

（1）学会设计程序实现机器人的直行、变速和转向运动控制。

（2）掌握导向定位、"撞击"定位和垂直定位的方法，学会设计机器人进行精准移动。

（3）了解垂直平分线的概念，学会运用垂直平分线的知识规划机器人的最优路径。

机器人竞赛场地的情况往往非常复杂，而机器人必须知道自己当前的位置才能决定接下来的移动路径以及机械臂的动作。定位是机器人发挥各种性能的基础，也是机器人自动规划路径的基础。机器人在场地上的运动有直行和转向。直行包含前进、后退、加速、减速和移动指定距离等。转向分为原地转向和移动转向两种，要实现机器人的精准运动和定位，就需要对机器人的各种运动进行精确控制。本节选用 FLL 竞赛机器人进行程序设计，如图 3.5.1 所示，其中 EV3 机器人主机的陀螺仪传感器固定在机器人底部，正面朝下。

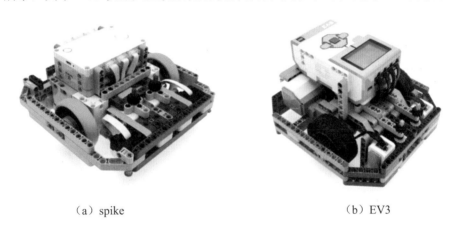

（a）spike　　　　　　　　　　　　　　　（b）EV3

图 3.5.1　FLL 竞赛机器人

▌3.5.1　机器人低速直行

直线行驶看似是一个很简单的运动，但由于机器人左右驱动轮电机的差异、轮胎载荷的不同、轮胎打滑、地面细微处的高低不平等因素，使机器人实现真正意义上的直线运动还是很困难的。为此，在机器人设计时，左右驱动轮的电机和轮子应当精心挑选，尽可能保证电机在同等功率下能够让机器人直线行驶，机器人主体部分以及机械臂系统左右质量均衡分布，保证左右驱动轮的载荷尽可能相同，在机器人运动之前需要擦拭轮胎和场地上的灰尘，避免轮胎打滑。若机器人直线行驶的距离很短，在误差允许的范围内，可以设计简单的直行程序，即给机器人左右电机相同的功率值或速度值启动，这时机器人的运动可以近似看成直线运动。若机器人是长距离的直线行驶，则需要采用功率修正、传感器辅助、导向轮引导、程序控制等方法让机器人获得更精准的直线行驶。

让机器人低速直线行驶指定距离，需要同时启动左右驱动轮电机旋转，能实现这种运动的编程模块有很多，可以使用两个单电机运动模块编程，也可以使用双电机移动模块编程。由于机器人低速行驶，惯性对机器人的影响较小，机器人在一段距离的行驶过程中可直接启动和制动。

分别使用两个单电机运动模块和双电机移动模块设计程序，让机器人低速行驶一段直线距离，其程序设计示例如图 3.5.2 和图 3.5.3 所示。在使用单电机模块控制机器人直线前行的程序中，由于 spike 机器人左右驱动轮电机的旋转方向相反，所以程序中需要对左电机 B 的速度乘以"-1"，从而保证机器人能够直线前行。

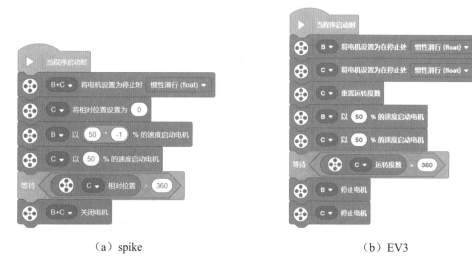

(a) spike　　　　　　　　　　　　(b) EV3

图 3.5.2　两个单电机运动模块编程

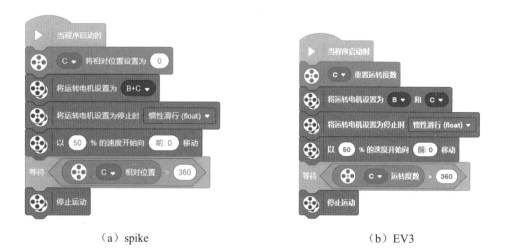

(a) spike　　　　　　　　　　　　(b) EV3

图 3.5.3　双电机移动模块编程

使用双电机模块比单电机运动模块编程更简单。而且双电机模块还内置了双电机同步旋转算法，运用双电机模块控制机器人做直线运动的效果更好。

试一试

设计程序，让机器人以不同的速度直线前进和后退指定距离，观察驱动轮电机实际旋转的角度与程序设定的角度是否相同？若不同，请优化程序提高机器人移动的精准度。

3.5.2　机器人变速直行

为了提高机器人高速移动的稳定性，常常在机器人启动阶段采用逐渐加速、停止阶段采用逐渐减速的程序控制方法；逐渐减速可让高速移动的机器人在停止过程中避免发生轮子打滑的现象。机器人的变速直线运动有两种简单的控制方法，一种是使用多个电机模块控制电机功率或速度阶段性变化，实现机器人的加速和减速运动，可使用时间或电机旋转的角度来分隔不同的阶段。例如，根据电机旋转的角度可划分为 3 个速度阶段，实现机器人的加速运动，程序设计示例如图 3.5.4 所示。

（a）spike　　　　　　　　　　（b）EV3

图 3.5.4　多阶段控制机器人加速的程序

另一种是利用机器人移动的时间或电机旋转的角度的方法，控制电机的功率或速度逐

渐变化，从而实现机器人的加速和减速运动，程序设计示例如图 3.5.5 所示。采用旋转角度控制加速可以获得机器人在加速过程中移动的距离，便于机器人的精确定位。

（a）spike

（b）EV3

图 3.5.5 利用旋转角度控制机器人加速的程序

试一试

（1）设计程序，采用时间控制电机旋转的速度逐渐变化，实现机器人的减速运动。

（2）设计程序，采用电机旋转角度控制电机旋转的速度，实现机器人的减速运动。

3.5.3 机器人高速直线移动指定距离

机器人高速直线移动指定距离的过程可分为 3 个阶段：启动加速阶段、匀速运动阶段和减速制动阶段，在中间匀速运动阶段可将电机功率设为最大。启动加速阶段的加速距离不需要精确控制，需要控制的是启动加速阶段和匀速运动阶段电机旋转的总角度，以及减速制动阶段电机旋转的角度，所以启动加速阶段可以有多种控制方法，但减速制动阶段需要采用电机旋转角度来控制电机做减速运动。例如，让机器人以最快的速度直线移动指定角度 600°，其程序设计示例如图 3.5.6 所示。

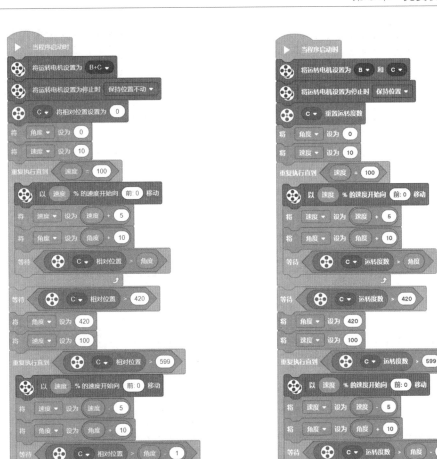

（a）spike　　　　　　　　　　（b）EV3

图 3.5.6　机器人高速直线移动指定距离的程序

试一试

设计程序，让机器人高速直线移动指定角度 800°。

▌3.5.4　机器人"撞击"定位

在不借助光电传感器和陀螺仪传感器的情况下，机器人可以使用"撞击"方式进行定位。"撞击"定位不仅可以控制机器人移动精确的距离，还能够修正机器人的朝向，使机器人的朝向与撞击面垂直，机器人可与场地上的墙壁进行"撞击"定位，也可与场地上的任务模型进行"撞击"定位。与任务模型进行"撞击"定位时，需要任务模型与场地粘贴牢固，并且撞击点最好是任务模型的底部。为提高机器人与任务模型"撞击"定位的精准度，必要时可在机器人正前方设计一个"八"字形结构。

若要机器人能够抵达墙壁，则机器人的电机必须旋转足够的角度，通常采用角度和时间联合的方法控制机器人的移动。程序可分两步，第一步是让机器人按指定角度移动到临近墙壁的位置，第二步是让机器人按指定时间移动，这个过程需要给机器人足够多的时间来完成剩下来的路程，并且这个过程中机器人的移动最好选用两个单电机模块来控制，机器人的停止方式可采用惯性滑行。

例如，机器人垂直朝向墙壁移动，驱动轮电机需要旋转 600° 才能使机器人接触到墙壁。则第一阶段采用角度控制机器人移动 550°，让机器人临近墙壁；第二阶段采用时间控制机器人移动 1s，让机器人与墙壁进行"撞击"定位，程序设计示例如图 3.5.7 所示。

（a）spike　　　　　　　　　　　　　　（b）EV3

图 3.5.7　机器人垂直"撞击"定位的程序

电机齿隙

机器人电机的内部采用多级齿轮减速机构，有着很大的齿隙，会产生 3° 左右的误差。所以有时候即使机器人在启动前摆正了，但由于电机齿隙的存在，机器人一启动就会发生微小的偏移。为了消除电机齿隙对机器人运动的影响，可以在机器人运动前对驱动轮电机进行初始化校准。例如，将机器人放在竞赛场地上，用手向后或向前推动机器人到达场地上的初始位置，也可以采用程序驱动电机让机器人后退"撞击"墙壁来校准电机，然后再启动机器人前进。

机器人的撞击是一个减速的过程，其加速度会发生变化。利用 spike 机器人内置的加速度传感器可以及时判断机器人在什么时候发生了撞击，然后再给驱动轮电机一定的时间使机器人修正方向。使用加速度传感器控制机器人进行"撞击"定位的程序设计示例如图 3.5.8 所示。加速度传感器的辅助控制可以让机器人撞击定位的时间更短，更高效。

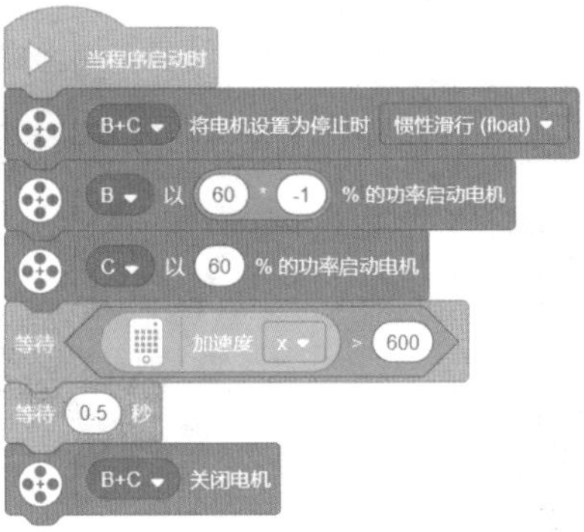

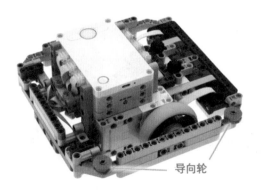

图 3.5.8　加速度传感器辅助撞击定位的程序

试一试

（1）机器人与墙壁撞击的过程中会出现不稳定现象，例如，撞击时机器人的偏角过大、撞击点过高或过低、撞击功率过大或过小等，这些因素都会导致机器人撞击的不稳定，甚至不能实现垂直定位。选择其中一个因素，探究这个因素对机器人撞击稳定性的影响。

（2）设计程序，让机器人以不同的功率撞击墙壁，使用加速度传感器分别测量机器人启动过程中和撞击过程中的最大加速度值。

3.5.5　导向轮辅助直行

机器人竞赛场地的四周有直的墙壁（场地边框），在设计机器人时，可以给机器人的左侧或右侧添加导向轮，导向轮可以让机器人沿着墙壁移动。

通常情况下，机器人的导向轮选用摩擦小的小轮子或圆形积木件。导向轮安装在机器人运动方向上的驱动轮前方位置，导向轮越靠前，越利于导向。导向装置可以固定安装在机器人主机上或机械平台上，如图 3.5.9 和图 3.5.10 所示，也可以是一个可与机器人分离的独立导向装置。导向装置可以是固定的，也可以是活动的，活动的导向装置可以由电机驱动或橡筋弹力辅助。

图 3.5.9　固定在机器人主机上的导向轮

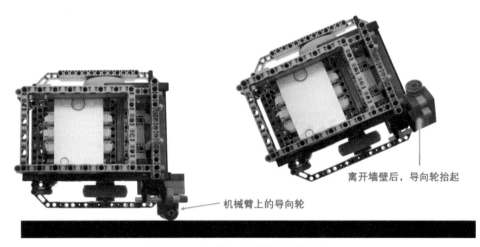

图 3.5.10　安装在机械臂上的导向轮

　　导向装置可以辅助机器人沿墙壁直线移动，但也存在一个弊端。例如，机器人沿墙壁导向直线行驶一段距离，若此时机器人需要立即向左后方转弯，如图 3.5.11 所示，由于前方导向轮会抵到墙壁，机器人将难以转过来。

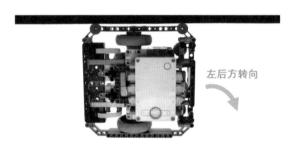

图 3.5.11　机器人向左后方转向示意图

　　此时可以在机械平台上设计一个橡筋弹力辅助的导向装置，如图 3.5.12 所示。当机器人转向时，导向装置会自动拨开，如图 3.5.13 所示；也可以在机械臂上设计一个导向装置，当机器人转向时，通过机械臂的运动移走导向装置。

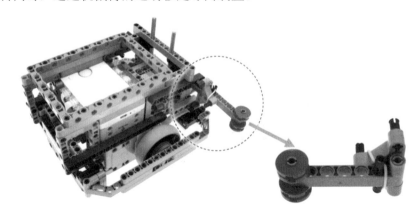

图 3.5.12　橡筋弹力辅助的导向装置

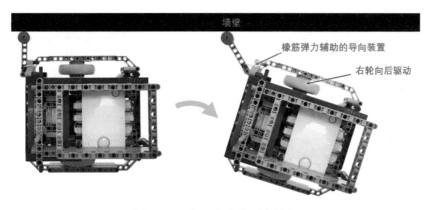

图 3.5.13　机器人向左后方转向

假设机器人沿着右侧墙壁移动，在程序设计时，左电机速度（或功率）需要比右电机速度（或功率）略大一些，通常左右电机速度差（或功率差）的绝对值为 1 ～ 5，差值过大不利于机器人导向直行。机器人沿右侧墙壁导向直行的程序设计示例如图 3.5.14 所示。

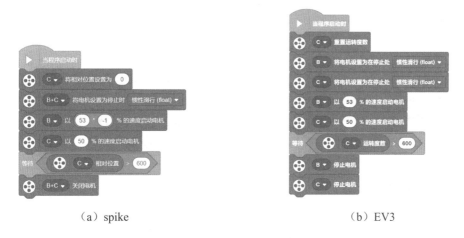

（a）spike　　　　　　　　　　　　（b）EV3

图 3.5.14　机器人沿右侧墙壁导向直行的程序

试一试

设计程序，让机器人沿着左侧墙壁导向前行一段距离，然后向右后方转向运动，机器人离开墙壁。

▌3.5.6　机器人转向定位

直行和转向可以让机器人到达场地的任意位置。其中，在机器人精确转向的控制中，运用较多的转向方式是原地转向和单轮转向，如图 3.5.15 和图 3.5.16 所示，这两种转向方式易于编程和控制。在原地转向中，左右驱动轮运动方向相反，但驱动轮旋转速度的大小相同；在单轮转向中，其中一个驱动轮需要保持不动，另一个轮子旋转。

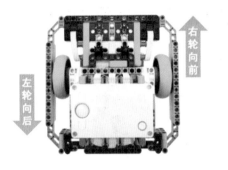

图 3.5.15　原地转向

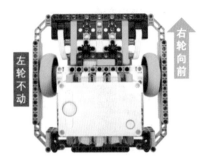

图 3.5.16　单轮转向

例如，使用单电机模块控制机器人分别进行单轮转向和原地转向 90°，其程序设计示例如图 3.5.17 和图 3.5.18 所示，机器人转向的电机功率不易过大，否则会降低机器人的转向精度。

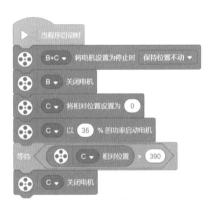

（a）spike

（b）EV3

图 3.5.17　单轮转向程序设计

（a）spike

（b）EV3

图 3.5.18　原地转向程序设计

机器人的转向还可以使用陀螺仪传感器来辅助。陀螺仪传感器可以让机器人的转向更精确，也会让程序的参数调试更容易。运用陀螺仪传感器可以测量机器人在一次运动过程中的转向角度。例如，运用陀螺仪传感器控制机器人逆时针原地转向 90°，其程序设计示例如图 3.5.19 所示，使用这个程序控制机器人转向仍会带来微小的偏差，在后面将运用 PID 算法来实现更精准的转向控制。

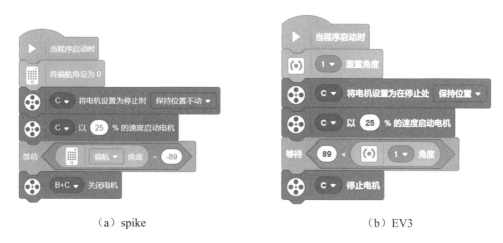

（a）spike　　　　　　　　　　　　　　　　（b）EV3

图 3.5.19　陀螺仪传感器辅助的转向程序设计

试一试

设计程序，使用陀螺仪传感器让机器人逆时针原地转向 180°。

3.5.7　寻找前进的最佳出口

在机器人移动前方的左右两侧各有一个障碍物，如图 3.5.20 所示。为了让机器人能够以最优路径穿越障碍物，需要合理规划机器人行进的路线。

图 3.5.20　机器人与障碍物

机器人在穿越障碍物的过程中，需要尽可能远离两侧的障碍物。根据数学知识可知，机器人移动的最佳路线在两障碍物连线的垂直平分线上，画出这个垂直平分线和机器人初始朝向的延长线，规划机器人移动的最佳路径，如图 3.5.21 所示。在程序设计中，可让机器人先直行到两障碍的垂直平分线上，然后机器人通过转弯朝向垂直平分线的方向继续直行，穿越障碍。

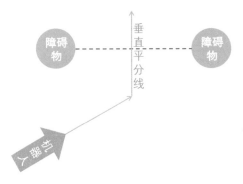

图 3.5.21　路径规划图

试一试

　　参考图 3.5.20，在场地上确定两个障碍位置和机器人的方位，设计程序，让机器人以最优路径穿越障碍。

3.5.8　机器人垂直定位

　　机器人朝向黑线移动，当到达黑线时，机器人与黑线可能会存在一个偏角，如图 3.5.22 所示，为了让机器人的朝向与黑线保持垂直，需要用到机器人前方的左右两个光电传感器，通过这两个光电传感器对黑线的检测让机器人修正方向，使机器人的朝向与黑线保持垂直。

图 3.5.22　机器人靠近黑线示意图

方法一

　　机器人向黑线运动，当接近黑线时，启动两个光电传感器对黑线进行检测，左边的光电传感器控制左电机的运动，右边的光电传感器控制右电机的运动。通过电机的控制使两个光电传感器对准黑线的边缘，其程序设计如图 3.5.23 和图 3.5.24 所示，使用这种黑线垂直定位的方法可以让机器人准确停在黑线的边缘上。

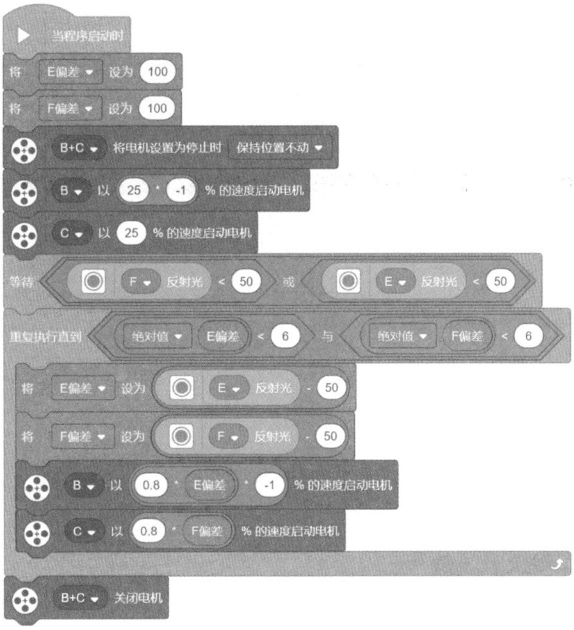

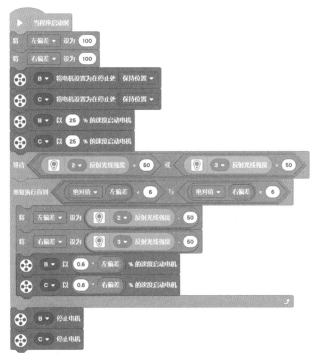

图 3.5.23　第 1 种黑线垂直定位的程序（spike）

图 3.5.24　第 1 种黑线垂直定位的程序（EV3）

方法二

机器人临近黑线时，机器人的朝向与黑线之间存在一个偏角。假设机器人右偏，如图 3.5.25 所示，启动两个光电传感器同时对黑线进行检测。左边光电传感器先检测到黑线，此时重置左驱动轮电机的角度，机器人进入垂直定位的第一阶段。机器人继续直行，直到右边光电传感器检测到黑线，读取这个过程中左电机的旋转角度 θ。

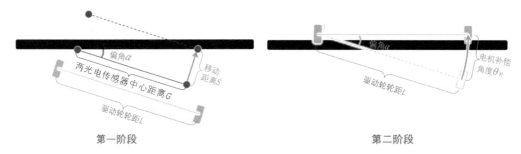

第一阶段　　　　　　　　　　　　　　　　　　　第二阶段

图 3.5.25　机器人与黑线的位置

根据驱动轮直径可计算得出机器人在第一阶段移动的距离 S，再根据三角函数关系，可得机器人的偏角 α，最后求出右电机再次旋转的补偿角度的理论值 $\theta_{补}$，其中驱动轮的直径可设为 d，具体推导过程参见 3.5.9 节，则 $\theta_{补}$ 可表示为

$$值\,\theta_{补} = \frac{2 \times 驱动轮轮距 L}{驱动轮直径 d} \times \arctan\left(\frac{\pi \times 驱动轮直径 d \times 电机旋转角度 \theta}{360 \times 两光电传感器中心距离 G}\right)$$

对于反正切函数 $\arctan()$，编程时可使用对应的反正切函数模块进行运算，如图 3.5.26 所示。

图 3.5.26　反正切函数模块

spike 机器人主机的驱动轮直径 $d=56$mm，轮距 $L=128$mm，两个光电传感器的中心距离 $G=96$mm。则理论补偿角度 θ_{spike} 可表示为

$$\theta_{spike} = \frac{2 \times 128}{56} \times \arctan\left(\frac{\pi \times 56 \times 电机旋转角度}{360 \times 96}\right)$$

$$\approx 4.57 \times \arctan\,(0.0051 \times 电机旋转角度)$$

EV3 机器人主机的驱动轮直径 $d=62.4$mm，轮距 $L=118$mm，两个光电传感器的中心距离 $G=80$mm。则理论补偿角度 θ_{EV3} 可表示为

$$\theta_{EV3} = \frac{2 \times 118}{62.4} \times \arctan\left(\frac{\pi \times 62.4 \times 电机旋转角度}{360 \times 80}\right)$$

$$\approx 3.782 \times \arctan\,(0.0068 \times 电机旋转角度)$$

在垂直定位的第二阶段，将理论的补偿角度修正后输入给右电机定位，即可实现机器人的垂直定位。对于机器人左偏的情况，需要将计算的理论补偿角度修正后输入给左电机，完整的垂直定位的程序设计示例如图 3.5.27 所示。由于实际中各种因素的影响，理论计算与实际存在偏差，可以通过多次调试来优化理论补偿角度中的两个参数，提高垂直定位的精度，其中驱动轮选用拱形轮比宽平轮的定位精度更高。

（a）spike

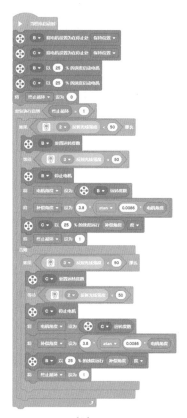

（b）EV3

图 3.5.27　机器人垂直校准的程序

这种垂直定位的方法还可以用于测量机器人相对于黑线左偏或右偏的角度以及圆形曲线的定位。例如，机器人驶向圆形曲线，通过以上垂直定位的方法可以让机器人自动对准曲线的圆心位置。

3.5.9　拓展阅读：机器人的垂直定位

在第二种机器人垂直定位的方法中，机器人的垂直定位过程分为两个阶段。第一阶段如图 3.5.28 所示，假设左边光电传感器先检测到黑线，此时重置左电机角度，机器人继续直行，直到右边光电传感器检测到黑线，读取这个过程中左电机的旋转角度 θ。

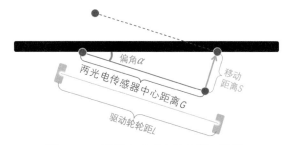

图 3.5.28　机器人垂直定位的第一阶段

根据驱动轮直径 d 和右电机旋转的角度 θ，计算可得机器人移动的距离 S，公式为

$$S = \pi d \cdot \frac{\theta}{360}$$

基于已知机器人移动的距离 S 和光电传感器间距 G，再根据三角函数关系，可得机器人与黑线的偏角 α，公式为

$$\tan \alpha = \frac{S}{G}$$

$$\alpha = \arctan \frac{S}{G} = \arctan \frac{\pi d \theta}{360G}$$

第二阶段，左电机停止旋转，右电机旋转，直到机器人的朝向与黑线垂直，如图 3.5.29 所示。

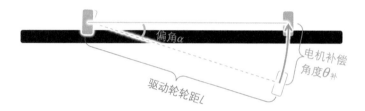

图 3.5.29　机器人垂直定位的第二阶段

右电机需要补偿的旋转角度为 $\theta_{补}$，可表示为

$$S_{补} = \frac{\alpha}{360} \cdot 2\pi L$$

$$\theta_{补} = \frac{S_{补}}{\pi d} \cdot 360$$

$$\theta_{补} = \frac{\alpha}{360} \cdot 2\pi L \cdot \frac{1}{\pi d} \cdot 360$$

$$\theta_{补} = \frac{2L}{d} \cdot \arctan \frac{\pi d \theta}{360G}$$

也可以表示为

$$\theta_{补} = \frac{2 \times 驱动轮轮距 L}{驱动轮直径 d} \times \arctan \left(\frac{\pi \times 驱动轮直径 d \times 电机旋转角度 \theta}{360 \times 两光电传感器中心距离 G} \right)$$

试一试

（1）使用第二种垂直定位的方法测量机器人与黑线之间的偏角。

（2）设计程序，使用两种方法实现机器人向后运动的垂直定位。

第4章

比例巡线机器人

　　巡线是机器人路径规划和运动定位的一种方法，机器人借助一个或两个光电传感器，通过比例巡线算法实现机器人沿着场地黑线的边缘移动，让机器人到达任务附近的位置。

4.1　单光电机器人巡线

学习目标 ✎

（1）认识单光电机器人巡线，学会使用状态巡线的方法控制机器人巡线。

（2）理解比例巡线，通过比例巡线的参数调试提高机器人巡线的水平。

（3）学会设计程序，让机器人能够在彩色线条及各种线形下巡线。

（4）掌握机器人终止巡线的各种条件，学会运用这些条件控制机器人停止巡线和定位。

在机器人竞赛中，机器人需要从基地出发并准确运动到任务模型的附近才能完成任务。机器人场地上通常会有各种颜色、各种形状的线条，此时可以运用巡线技术让机器人按照既定的路线行走，为机器人的移动起到导航和定位的作用。下面以单光电巡线机器人为例设计程序，单光电巡线机器人的设计如图4.1.1所示，其中，spike机器人的左电机接端口B，右电机接端口C，光电传感器接端口D；EV3机器人的左电机接端口B，右电机接端口C，光电传感器接端口1。

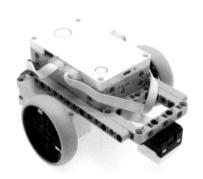

（a）spike　　　　　　　　　　　　　　（b）EV3

图 4.1.1　单光电巡线机器人

▌4.1.1　状态巡线

1. 两状态巡线

在一个白色的桌面上贴有一条黑线，黑线宽为 2～2.5cm，机器人需要沿着黑线的左边缘移动，可以使用巡线机器人前方的光电传感器来探测黑线的左侧边缘，如图4.1.2所示。

图 4.1.2　机器人巡线示意图

当光电传感器偏向白色区域（偏左）时，反射光值偏大，机器人需要向右前方转弯；当机器人偏向黑色区域（偏右）时，反射光值偏小，机器人需要向左前方转弯；按照这样的运动方式交替行进，机器人就会沿着黑线向前运动，这就是最简单的机器人状态巡线，其程序设计示例如图 4.1.3 所示。

（a）spike

（b）EV3

图 4.1.3　机器人两状态巡线程序

由于机器人在巡线过程中只有左前转弯和右前转弯两种运动姿态，所以又叫作两状态巡线。两状态巡线可以使用光电传感器的反射光强度模式或颜色模式。

试一试

（1）设计程序，让机器人沿着黑线的右边缘巡线。

（2）开启光电传感器颜色模式，设计程序，让机器人在黑线或红线上以两状态方式巡线。

2. 三状态巡线

运行两状态巡线的程序，机器人沿着黑线左右摇摆着向前移动，运动不稳定。因此可以对程序进行优化，在两状态巡线的基础上再添加一种状态：当光电传感器在黑白边界中央附近时，让机器人直线前进，其程序设计示例如图 4.1.4 所示。

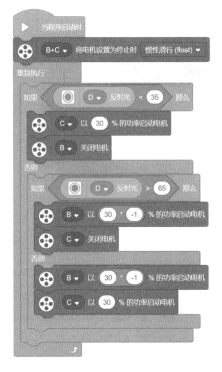

（a）spike

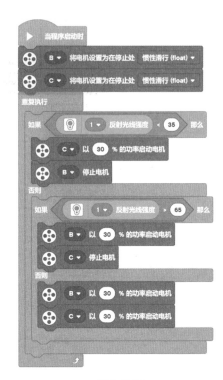

（b）EV3

图 4.1.4　机器人三状态巡线

　　按照这样的想法，还可以将机器人的转向动作分得更细。假设光电传感器检测黑色的最小值为 0，检测白色的最大值为 100，则黑线边缘一定存在反射光值 50。如果光电传感器的反射光值大于 50，机器人根据光值的大小控制右转向的快慢，光值越大，右转向越快；如果光电传感器的反射光值小于 50，机器人根据光值的大小控制左转向的快慢，光值越小，左转向越快；如果光值等于 50，机器人直线前进。这就是机器人比例巡线的思想。这里的光值 50 称为目标值，在巡线过程中，机器人始终朝向光值 50 的方向移动，机器人巡线的目标值通常取中间值，公式为

$$中间值 = \frac{最大反射光值 + 最小反射光值}{2}$$

4.1.2　比例巡线

　　机器人巡线的本质是巡线机器人通过光电传感器测量的反射光值与目标值进行差值运算，公式为

$$偏差 = 目标值 - 光电传感器反射光值$$

根据计算的偏差控制机器人左右电机的功率，使偏差趋于 0，其控制算法可表示为

$$左电机功率 = 目标功率 - （比例系数 × 偏差）$$

右电机功率 = 目标功率 +（比例系数 × 偏差）

其中，"比例系数 × 偏差"称为偏差的比例值。

目标功率为机器人正常巡线的功率，比例系数用来放大或缩小偏差，在偏差相同的情况下，比例系数越大，左右电机的功率差越大，机器人的转向动作越快，这样可以让机器人及时修正方向，牢牢地"抓住"线。但是过大的比例系数又容易造成巡线振荡；若比例系数过小，机器人也容易飞离黑线（简称飞线）。

运用比例巡线，机器人可以不断修正自己的行进方向，最终使反射光值逐渐接近或等于目标值。采用比例算法，机器人沿黑线的左边缘巡线的程序设计如图 4.1.5 所示。

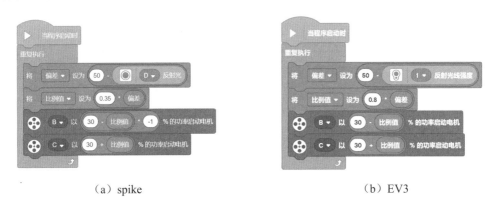

（a）spike　　　　　　　　　　　　　　　（b）EV3

图 4.1.5　比例巡线程序

在比例巡线的程序设计中，使用双电机转向模块可以让程序更简单，只需将比例运算的结果直接输入双电机转向模块即可，公式为

偏差 = 目标值 − 光电传感器反射光值

转向值 = 比例系数 × 偏差

机器人以目标功率 30 巡线，则机器人的比例巡线程序设计如图 4.1.6 所示，该程序可让机器人沿黑线的右边缘巡线。

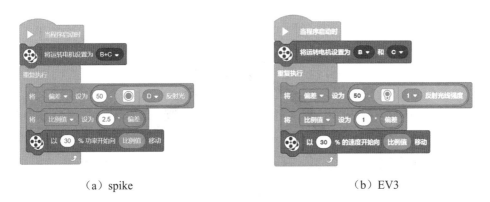

（a）spike　　　　　　　　　　　　　　　（b）EV3

图 4.1.6　比例巡线程序

在比例巡线的程序调试过程中，需要调试的参数有目标功率、比例系数和目标值。其

中目标值通常设置为中间值。目标功率与比例系数存在一定的相关性，目标功率越大，比例系数需要设置得越小，但对于比例巡线，目标功率建议不超过 50，否则，可能无法找到合适的比例系数让机器人稳定巡线。

初次调试巡线参数时，选择直线段巡线，目标功率可以设置为 25，比例系数从 0 开始逐渐增加，每次增加 0.1，直到机器人能无振荡巡线。

随着调试经验的积累和水平的提高，可以逐渐增大目标功率，调试出最佳的比例系数，让机器人可以在直线或曲线上稳定巡线。

机器人巡线时，要么沿黑线的左边缘巡线（相对机器人运动的方向），称为左巡；要么沿黑线的右边缘巡线，称为右巡。机器人左巡与右巡的切换还可以通过改变偏差的正负或电机功率的修正方向来实现，例如，机器人由左巡切换到右巡，其运算可表示为

机器人左巡算法

$$偏差 = 目标值 - 光电传感器反射光值$$
$$左电机功率 = 目标功率 - （比例系数 \times 偏差）$$
$$右电机功率 = 目标功率 + （比例系数 \times 偏差）$$

机器人从左巡切换到右巡的方法 1

$$偏差 = （目标值 - 光电传感器反射光值）\times （-1）$$
$$左电机功率 = 目标功率 - （比例系数 \times 偏差）$$
$$右电机功率 = 目标功率 + （比例系数 \times 偏差）$$

机器人从左巡切换到右巡的方法 2

$$偏差 = 目标值 - 光电传感器反射光值$$
$$左电机功率 = 目标功率 + （比例系数 \times 偏差）$$
$$右电机功率 = 目标功率 - （比例系数 \times 偏差）$$

机器人左巡和右巡的选择取决于线型特征或机器人要执行的任务。例如，当机器人沿曲线巡线时，如图 4.1.7 所示，其中沿着曲线内侧的巡线称为内巡；沿着曲线外侧的巡线称为外巡。通常情况下，外巡比内巡的稳定性更高，若选择内巡，黑线的宽度越小，机器人越容易冲出黑线。

图 4.1.7　曲线的内侧与外侧

试一试

（1）设计程序，让机器人沿着黑线的右边缘巡线。

（2）设计程序，让机器人分别沿着圆形曲线的内侧和外侧巡线。

4.1.3　彩色线巡线

机器人不仅可以沿黑色线巡线，还可以沿其他各种颜色的线巡线，甚至可以把"线"理解为两种颜色的边界。如图 4.1.8 所示，机器人可以沿着绿色和白色的边界巡线。对于灰度值高低明显的边界，可以使用光电传感器的反射光模式巡线，其中反射光较大的颜色有白色、红色、橙色、黄色及其他浅颜色；反射光较小的颜色有绿色、蓝色、棕色、黑色及其他深颜色。

图 4.1.8　绿色与白色边界

有时也会遇到白色和红色的边界线，如图 4.1.9 所示。由于红色和白色的反射光值相近，因此不能采用反射光模式巡线，此时可以采用检测红色的方式进行状态巡线，程序设计如图 4.1.10 所示。

图 4.1.9　红线巡线图

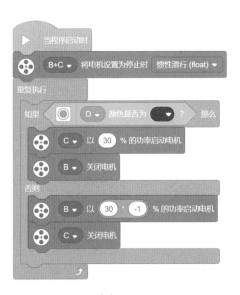

（a）spike

（b）EV3

图 4.1.10　红白边界状态巡线程序

除了红白边界线，还有蓝绿边界线的反射光值也相近，如图 4.1.11 所示。为了提高机器人的巡线效果，对于蓝绿边界线可以选用 spike 光电传感器的原始蓝色模式进行比例巡线，程序设计示例如图 4.1.12 所示。

图 4.1.11　蓝绿边界线

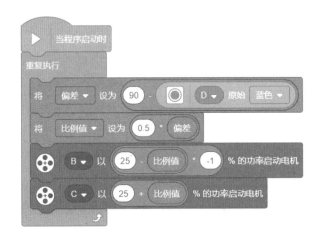

图 4.1.12　蓝绿边界的比例巡线程序（spike 程序）

需要将机器人上的光电传感器调至距离地面 8mm，经测量，采用原始蓝色模式测量标准蓝色面的光值约为 120，标准绿色面的光值约为 60，则巡线目标光值可为 90。一般来说，蓝色表面会反射更多的蓝色光，而其他色光几乎全部被吸收；绿色表面会反射更多的绿色光，而其他色光几乎全部被吸收，所以，开启原始蓝色模式，则检测蓝色表面的光值较大，绿色面的光值较小。

试一试

设计程序，让机器人在红白、红蓝等不同颜色边界上进行比例巡线。

▌4.1.4 多线形巡线

机器人巡线的线形有简单的直线和圆形曲线，还有复杂的由多个直线段和曲线段连接起来的线形，如 L 形、T 形、十字形、V 形、弧形、S 形等，如图 4.1.13 所示。

L形　　T形　　十字形　　V形　　弧形　　S形

图 4.1.13　各种线形

若使机器人能够在这些线形中巡线，通常机器人需要两个光电传感器，其中一个用来巡线，另一个用来检测线形，可选择双光电机器人，如图 4.1.14 所示，其中，spike 机器人的左电机接端口 B，右电机接端口 C，左边光电传感器接端口 E，右边光电传感器接端口 F；EV3 机器人的左电机接端口 B，右电机接端口 C，左边光电传感器接端口 2，右边光电传感器接端口 3。

图 4.1.14　双光电机器人

直角线形包括 L 形、T 形和十形。以 L 形巡线为例，如图 4.1.15 所示，直角边在巡线方向上的右侧，若不考虑巡线效果，通过降低电机功率、增大比例系数，机器人就可以沿着 L 形线移动过去，可能会在拐角处产生巡线振荡。

图 4.1.15　左侧的 L 形

若要提高巡线的稳定性，并能够识别 L 形线，那么机器人在使用一个光电传感器巡线的同时，还需要另一个光电传感器来检测线形。当检测到横向的直角边时，机器人还需要向前直行一小段距离，然后再转向黑线方向继续巡线，其中，"直行一小段距离"和"转向的角度"需要精心测量，以保证转向后的机器人的朝向与巡线方向一致，这种方法也适用于夹角在 90° 左右的折角线形巡线。对于直角边在巡线左边的 L 形，通常选用机器人右侧的光电传感器巡线，左侧的光电传感器用来检测横向直角边，并将两个光电传感器的间距调大一点，其程序设计示例如图4.1.16所示，机器人采用右巡，当检测到横向直角边时，机器人停止。

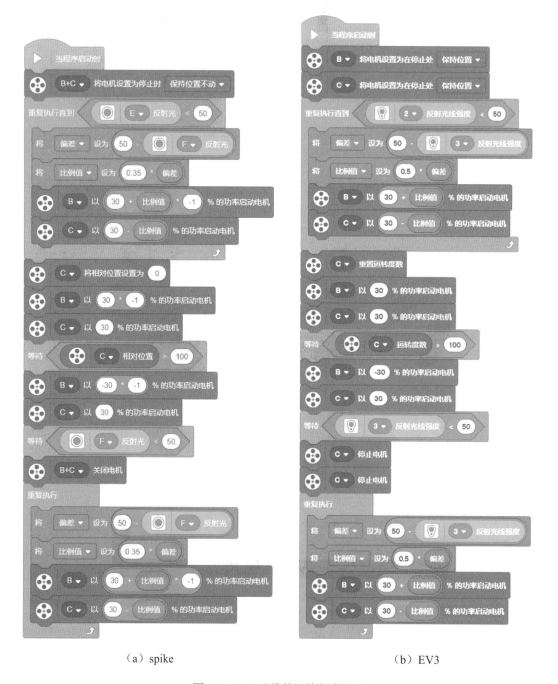

（a）spike   （b）EV3

图 4.1.16 L形线的巡线程序设计

T形线巡线可以参考L形线的方法，选择检测左直角边或右直角边巡线；而十字形线有左、前、右3个方向可供选择，如要机器人继续朝着前方巡线，其程序设计的思路为机器人先是一边巡线一边检测横向的直线段,当检测到十字形线时,机器人先直行一小段距离,然后再次启动巡线至指定位置,其程序设计示例如图 4.1.17 所示,机器人选择右巡。

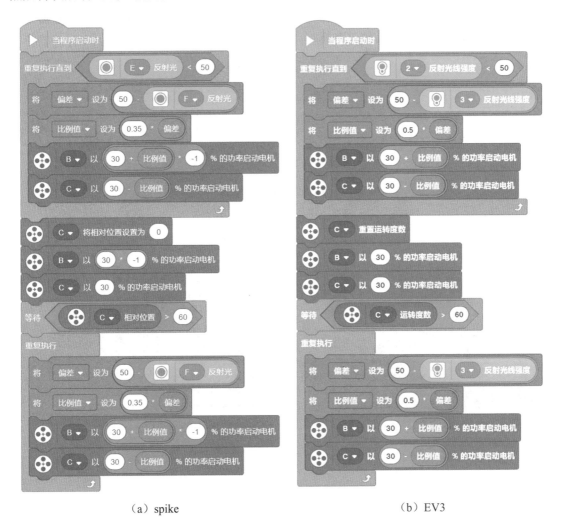

（a）spike　　　　　　　　　（b）EV3

图 4.1.17　十字形线巡线程序设计

当机器人巡线的线形是曲线时,可采用降低巡线功率、增大比例系数的方法来巡线,曲线的弯曲度越大,则巡线功率需要降低,比例系数需要适当增大。

试一试

（1）设计程序,让机器人分别沿着夹角小于 90° 和大于 90° 的折形线巡线。

（2）设计程序,让机器人沿着 T 形线巡线,到达交口处之后,机器人转向线的右侧继续巡线。

（3）设计程序,让机器人分别沿着圆形曲线的内侧和外侧边缘巡线。

█ 4.1.5 终止巡线

机器人竞赛场地上的巡线长度都是有限的，机器人在巡线的中途或终点可能需要停下来。终止机器人巡线的方式有很多种，如使用指定时间终止、指定距离终止和传感器检测终止。

1. 使用指定时间终止

例如，让机器人巡线 3s，3s 后终止巡线，程序设计如图 4.1.18 所示。这种方法可用于巡线撞击墙壁定位的场景，即线的末端是墙壁或任务模型，预估机器人巡线的时间，保证机器人一定能发生撞击。

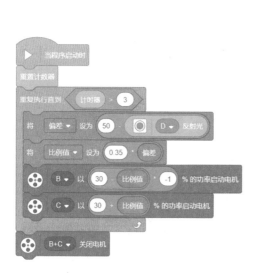

（a）spike   （b）EV3

图 4.1.18 时间终止巡线的程序

2. 颜色检测终止巡线

使用另一个光电传感器，当这个光电传感器检测到某种颜色时，终止巡线。例如，如图 4.1.19 所示，当光电传感器检测到红色区域时，机器人停止移动，其程序设计示例如图 4.1.20 所示，机器人使用右侧的光电传感器左巡；只要场地中存在其他颜色点，光电传感器可通过颜色检测或反射光光值检测进行识别，这是竞赛中非常常用的方法。

图 4.1.19 场地中的红色点

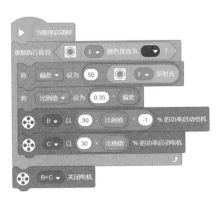

（a）spike

（b）EV3

图 4.1.20　检测到红色终止巡线的程序

3. 直线末端终止巡线

在机器人直线巡线的过程中，通过仔细观察会发现，当机器人行进到直线末端时，机器人会发生偏转，若是左巡，则机器人向右偏转；若是右巡，则机器人向左偏转。所以可以利用左右电机旋转的角度差让机器人在直线段的末端终止巡线，即当左右电机旋转角度的差值超过设定范围时，终止巡线。机器人选择右巡的方式进行巡线，其末端终止巡线的程序设计示例如图 4.1.21 所示。在启动巡线之前，机器人的摆放需朝向巡线方向，用于巡线的光电传感器需对准黑线的边界。

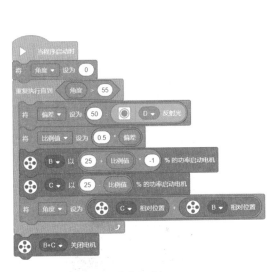

（a）spike

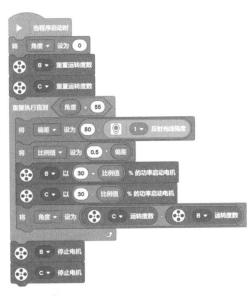

（b）EV3

图 4.1.21　直线末端终止巡线的程序

机器人终止巡线的方法还有很多，甚至在一次巡线中就可能使用多种巡线方法，因此需要设计者根据具体的竞赛任务选用合适的巡线终止方式。

试一试

（1）使用陀螺仪传感器，当机器人的偏转角度超过设定阈值时，终止巡线。

（2）使用超声波传感器，当巡线机器人检测到前方有障碍物时，终止巡线。

（3）使用电机内置的角度传感器，当巡线机器人的轮子旋转到设定的圈数时，终止巡线。

（4）设计程序，让机器人沿着红色和黄色的边界线巡线。

4.2　机器人上线

学习目标

（1）通过对黑线检测的探究，理解黑线检测的成功率与机器人移动的速度、光检测阈值和线宽的关系。

（2）掌握机器人垂直上线、斜上线和平行上线的方法，学会根据机器人的实际处境选择正确的上线方式。

机器人巡线之前一般不在黑线上，而是在黑线的附近，其朝向与线的关系可能是平行、垂直，也可能是成一定的夹角。若要巡线，机器人需要根据线的走向、场地的空间、黑线的长短以及任务需求选择合适的行进路径到达黑线，再通过转向动作朝向巡线方向，最后才能启动巡线程序开始巡线。

机器人从黑线的附近移动到黑线上，再通过转向动作朝向巡线方向的整个运动过程称为上线。上线后的机器人朝向与线接近平行，并且机器人的朝向与线的夹角越小，越有利于机器人巡线。本节选用单光电机器人进行巡线的程序设计，如图 4.2.1 所示，其中，spike 机器人的左电机接端口 B，右电机接端口 C，光电传感器接端口 D；EV3 机器人的左电机接端口 B，右电机接端口 C，光电传感器接端口 1。

（a）spike　　　　　　　　　　　　　　　（b）EV3

图 4.2.1　单光电巡线机器人

4.2.1　检测黑线

任务探究

设计黑线的宽度为 8mm，机器人的朝向与黑线垂直，如图 4.2.2 所示。机器人启动黑线检测并以不同的速度向黑线移动，光电传感器的检测阈值取"最小光值 +5"，探究机器人移动的速度与黑线检测成功率的关系，测试程序设计示例如图 4.2.3 所示，程序中的参数 15 就是光电传感器的检测阈值。并将实验数据记录到表 4.2.1 中，同时查看检测光值与时间的关系图。黑线检测的成功率可理解为：在同等情况下测试 10 次，成功的次数占全部测试次数的百分比。

图 4.2.2　机器人运动示意图

（a）spike

（b）EV3

图 4.2.3　机器人黑线检测程序

表 4.2.1　黑线检测的实际数据

序号	线宽	检测黑线的阈值(最小光值 +5)	速度	黑线检测成功率
1				
2				
3				
4				
5				

检测光值与时间的程序与关系图如图 4.2.4 所示。通过实验探究可以发现，在其他条件相同时，机器人移动得越快，黑线检测的成功率越低。这是因为光电传感器的采样率以及机器人控制器的运算速度影响了光值检测的成功率。

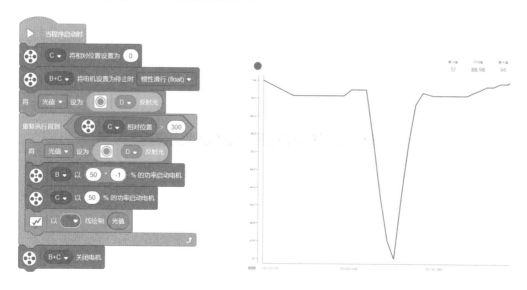

图 4.2.4　检测光值与时间的程序与关系图

在机器人移动速度不变的情况下，随着线宽的逐渐减小，黑线检测的成功率也会逐渐降低。

传感器的采样率

传感器的采样率是指传感器在 1s 内检测外部环境信息的次数。EV3 机器人的传感器采样率为 1000 Hz，即每秒检测光值 1000 次，也可以理解为每隔 0.001s 检测一次。spike 机器人的采样率为 100 Hz，即每秒采样 100 次（每隔 0.01s 采样一次）。通常情况下，光电传感器的采样率越大，传感器采集的外部环境数据就越丰富。

在 WRO 和 FLL 竞赛场地上，一般黑线的宽度为 22mm，线形较宽，选择合适的光电传感器检测阈值，即使机器人以最快的速度运动，光电传感器也能成功检测到黑线。而在使用光电传感器检测较窄的黑线或其他宽度较小的颜色图案时，为了提高检测成功率，可以适当降低机器人移动的速度。

机器人竞赛场地上绘有各种图案，这些图案的颜色会对机器人的上线产生干扰，所以机器人的上线路径尽量选择颜色一致或相似的区域，并且区域里的颜色与巡线的颜色能够明显区分。例如，使用光电传感器检测到机器人上线区域的最小光值为 50，黑线的最小光值为 0，则黑线检测的阈值可以设置为以上两个值的中间值 25。

如果机器人上线区域的颜色较深，而黑线两侧是白色区域，如图 4.2.5 所示，此时可以采用分段检测的方法进行上线。例如，使用光电传感器检测机器人上线的深灰色区域最大光值为 10，黑线附近白色区域的最大光值为 100，黑线的最小光值为 6，则机器人上线第一阶段的阈值为深灰区域光值 10 和白色区域光值 100 的中间值 55，机器人进入黑线附近的白色区域，接下来机器人将从白色区域开始检测黑线，进入第二阶段上线的检测。第二阶段的阈值设置为白色区域光值 100 和黑色区域光值 6 的中间值 53，而实际中，为减小第一阶段的干扰，可以将阈值设置的更低一点，这里可设置为 35，其程序设计示例如图 4.2.6 所示。

图 4.2.5　深色区域上线

（a）spike

（b）EV3

图 4.2.6　黑线检测的程序

试一试

（1）在黑线宽度和机器人移动速度不变的情况下，只改变光电传感器的检测阈值，探究光电检测阈值对黑线检测成功率的影响。

（2）在机器人移动速度和检测阈值不变的情况下，只改变黑线的宽度，探究黑线的宽度对黑线检测成功率的影响。

4.2.2　垂直上线

机器人位于黑线的右侧，且机器人的朝向与黑线垂直（或接近垂直），如图 4.2.7 所示，设计程序让机器人上线后左巡。

图 4.2.7　机器人垂直上线示意图

机器人可以以当前方向继续移动并检测黑线，然后停止在某一位置。机器人在这个位置原地右转向后可以让光电传感器停在黑线的边界上，且机器人的朝向与黑线平行，其程序设计如图 4.2.8 所示，其中机器人检测到黑线后继续移动到停止的这一小段距离需要精确测量。

（a）spike

（b）EV3

图 4.2.8　机器人垂直上线程序

试一试

机器人位于线的右侧，且与黑线夹角成 90°（或接近 90°），设计程序让机器人上线后右巡。

4.2.3 斜上线

机器人位于黑线的右侧，其朝向与黑线的夹角约 30°，如图 4.2.9 所示，机器人上线后需要沿黑线的右边缘巡线。

图 4.2.9 机器人斜上线示意图

机器人可以沿当前方向继续移动并同时检测黑线，当检测到黑线时停止，由于机器人与黑线夹角较小，所以此时可以直接沿黑线的右边缘开始巡线，其程序设计如图 4.2.10 所示。

（a）spike　　　　　　　　　　　　　　　（b）EV3

图 4.2.10 机器人斜上线巡线程序

当机器人以较小的角度斜上线后可以直接巡线，但随着斜上线角度的增加，由于巡线初始阶段的机器人朝向与黑线方向不一致，机器人巡线开始变得越来越不稳定，所以斜上线巡线的巡线部分可以分两个阶段，第一阶段巡线可以适当增大巡线的比例系数，降低巡线速度，当巡线稳定后，再适当降低巡线的比例系数，增大巡线的速度，提高机器人巡线的效率。

斜上线需要一个很长的移动距离，如果场地空间有限，或是黑线比较短，可能无法实现斜上线巡线。在这种情况下，机器人可以通过原地转向，使其垂直朝向黑线，然后采用垂直上线的方法进行上线。

试一试

（1）机器人位于黑线的右侧，其朝向与黑线的夹角约30°，设计程序，让机器人上线后沿黑线的左边缘巡线。

（2）对于机器人斜上线巡线（左巡或右巡），逐渐增大机器人与黑线的夹角，可以从30°逐渐增大到90°，让机器人以不同的角度上线，探究机器人巡线的稳定性。

4.2.4 平行上线

如果机器人的朝向与黑线平行，且机器人在黑线一端的附近，如图4.2.11所示，此时机器人有可能在线的正后方、左后方、右后方、左侧或右侧。位于黑线左后方和右后方的机器人可采用斜上线的方法上线，位于黑线左侧和右侧的机器人可采用斜上线或垂直上线的方法上线。

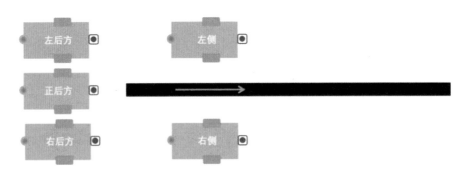

图 4.2.11　平行上线的机器人 5 种位置示意图

当机器人在黑线的正后方时，由于黑线的宽度比较小，机器人以当前方向直行有可能会发生偏移，这样机器人就难以检测到黑线，所以，在机器人运动之前可以先向右（或向左）偏转一个微小的角度，让机器人行至黑线的右侧（或左侧），再通过向左（向右）转向找到黑线，其程序设计示例如图4.2.12所示。

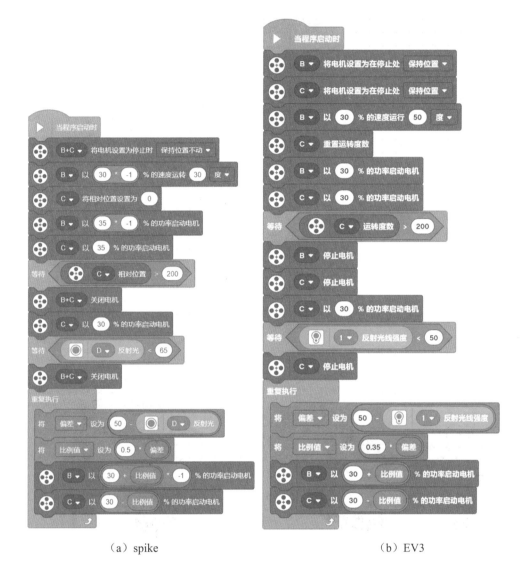

（a）spike　　　　　　　　　　（b）EV3

图 4.2.12 机器人位于正后方时的上线程序设计

试一试

机器人的朝向与黑线平行，并位于黑线一端的正后方，如图 4.2.13 所示，设计程序，让机器人上线后左巡。

图 4.2.13 机器人平行上线示意图

4.3 双光电机器人巡线

学习目标 ✎

（1）理解双光电机器人巡线原理。

（2）学会设计双光电机器人的巡线程序，让机器人能够在各种线形上巡线和终止。

▌4.3.1 双光电机器人巡线原理

选择两个反射光值相近的光电传感器，然后把这两个光电传感器安装在机器人的前端，机器人可同时选用两个光电传感器进行巡线，这就是双光电巡线机器人（简称双光电机器人），其设计如图 4.3.1 所示，其中 spike 机器人的左驱动轮电机接端口 B，右驱动轮电机接端口 C，左侧光电传感器接端口 E，右侧光电传感器接端口 F；EV3 机器人的左驱动轮电机接端口 B，右驱动轮电机接端口 C，左侧光电传感器接端口 2，右侧光电传感器接端口 3。双光电巡线比单光电巡线更快、更稳定。

（a）spike   （b）EV3

图 4.3.1 双光电机器人

双光电巡线对黑线的宽度比较敏感，把双光电机器人放在黑线上，使黑线在两个光电传感器的中间位置，两个光电传感器的中心距离应略大于黑线的宽度，例如，FLL 场地上的黑线宽度为 2.2cm，在机器人设计时，通常将两个光电传感器间隔一个乐高单位进行安装。

采用比例巡线的方法，则双光电巡线的偏差为

$$偏差 = 左光电反射光值 - 右光电反射光值$$

基于偏差，双光电机器人左、右电机的功率为

$$左电机功率 = 目标功率 + 比例系数 \times 偏差$$

$$右电机功率 = 目标功率 - 比例系数 \times 偏差$$

根据以上方法，双光电比例巡线的程序设计如图 4.3.2 所示。

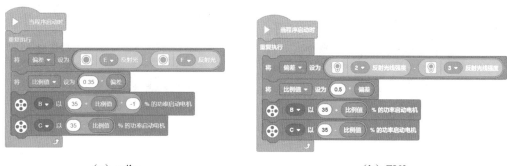

（a）spike　　　　　　　　　　　（b）EV3

图 4.3.2　双光电比例巡线程序

与单光电巡线类似，双光电巡线也可以使用双电机转向模块设计巡线程序，其转向值为：

转向值 ＝ 比例系数 × 偏差

使用双电机转向模块的双光电巡线程序设计如图 4.3.3 所示。

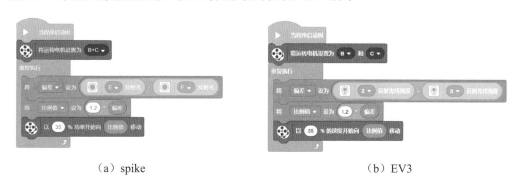

（a）spike　　　　　　　　　　　（b）EV3

图 4.3.3　双光电巡线的转向程序设计

在双光电巡线中，当两个光电传感器的安装距离较大时，机器人在实际巡线的过程中，可以观察到只有一个光电传感器在黑线的边界上，而另一个光电传感器则完全偏移到白色面上，这种看似随机的偏移会让机器人的左右定位出现偏差，为了精确控制哪个光电传感器在黑线的边界上，可以对巡线程序进行修正，添加以下算式，例如，让左光电传感器在黑线边界上，右光电传感器在白色面上，则偏差修改为

偏差 ＝（左光电传感器反射光值 +10）－ 右光电反射光值

这就是双光电左巡，对左光电传感器的反射光值增加 10 以后，当机器人的两个光电传感器都在白色面时，偏差大于 0，机器人向右偏，使得左光电传感器沿着黑线的边缘巡线，而右光电传感器就会偏移到白色面上，其程序设计如图 4.3.4 所示，左光电传感器增加的值越大，机器人越向黑线边界的右侧偏移。

试一试

（1）在双光电巡线中，增大或减小两个光电传感器的间距，探究机器人巡线的效果。

（2）在双光电巡线的程序设计中，对右光电传感器增加不同的数值，探究机器人的巡线效果。

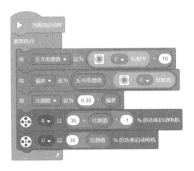

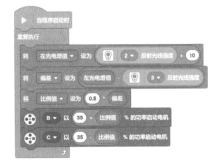

（a）spike　　　　　　　　　　　　（b）EV3

图 4.3.4　双光电机器人左巡程序设计

4.3.2　双光电机器人巡线终止

1. L 线形和 V 线形

单光电机器人巡线终止的方法在双光电机器人巡线中都适用，当然，同时使用两个光电传感器也可以终止机器人的巡线。例如，对于 L 形线和 V 形线，机器人可以采用双光电左巡或右巡的方法进行判断。对于直角边在机器人巡线方向左侧的 L 形线，如图 4.3.5 所示，可适当增大双光电的间距，例如，设置两光电传感器的间隔为 1.5 个乐高单位，采用双光电右巡的方法，当左光电传感器的反射光值检测到黑线时，巡线终止，程序设计如图 4.3.6 所示，其中右光电传感器的反射光值可增加 20。

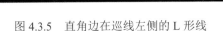

图 4.3.5　直角边在巡线左侧的 L 形线

（a）spike　　　　　　　　　　　　（b）EV3

图 4.3.6　双光电右巡程序设计

2. T 形线和十字形线

T 形线和十字形线可以采用双光电光值求和的方法来判断路口，当双光电机器人到达横线处时，两个光电传感器反射都在黑线上，此时双光电传感器反射光值的总和达到最小，从而实现线型的识别，程序设计示例如图 4.3.7 所示，当机器人巡线至路口处停止。

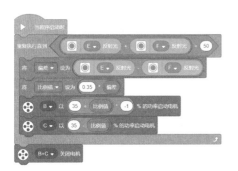

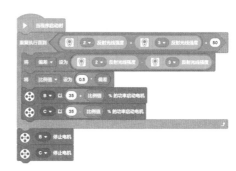

（a）spike　　　　　　　　　　　　　　（b）EV3

图 4.3.7　T 形线和十字形线巡线终止程序

试一试

（1）在双光电机器人沿着 T 或十字形线巡线过程中，探究两光电传感器反射光值之和的最大值和最小值分别是多少？

（2）采用双光电巡线，设计程序，让机器人能够越过十字形线和 V 形线继续巡线。

4.3.3　双光电机器人上线

1. 斜上线

双光电机器人上线需要让黑线进入两个光电传感器的中间，对于斜上线，当机器人在黑线的左侧时，可采用左光电传感器检测黑线，如图 4.3.8 所示，这种方法类似于单光电上线，机器人运动的速度不能过快，否则由于惯性，难以让光电传感器精确地停在黑线的边界上。除了这一方法之外，还可以利用双光电机器人的优势，让右光电传感器先检测黑线，上线时电机可以选择较大功率，当右光电传感器检测到黑线时，降低电机功率，再启动左光电传感器来检测黑线，这样可以让机器人既快速又精准地停在黑线上，最后机器人再转向巡线方向，其程序设计如图 4.3.9 所示，只要机器人的前端有两个以上的光电传感器，就可以采用这种方法上线。

图 4.3.8　双光电机器人斜上线示意图

（a）spike

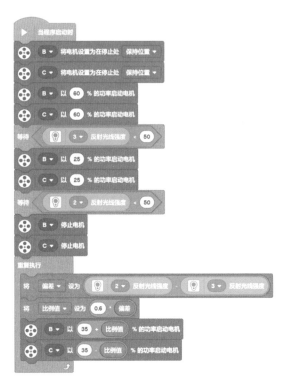

（b）EV3

图 4.3.9　双光电机器人斜上线程序

2. 垂直上线

双光电机器人垂直上线可以选用任意一个光电传感器检测黑线，也可以使用两个光电传感器一起检测。例如，机器人从黑线左侧垂直上线，如图 4.3.10 所示，当其中一个光电传感器检测到黑线时，再直行一小段距离，然后机器人原地转向检测黑线，让机器人朝向巡线方向，同时保证黑线在左右两光电传感器的中间，程序设计示例如图 4.3.11 所示。

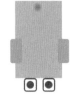

图 4.3.10　双光电机器人垂直上线示意图

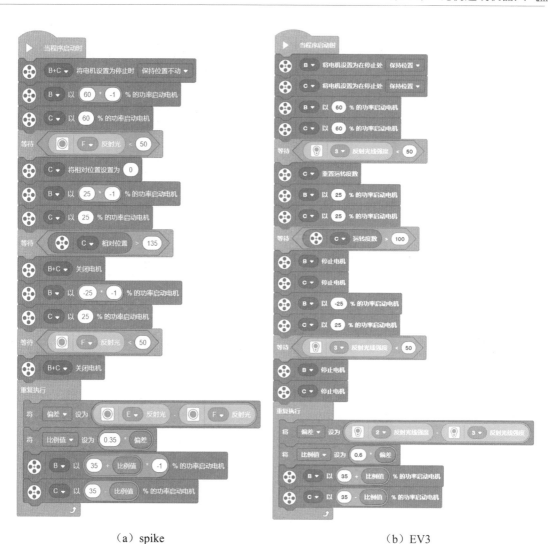

（a）spike　　　　　　　　　　（b）EV3

图 4.3.11　双光电机器人垂直上线程序

3. 平行上线

双光电机器人的平行上线可参考单光电机器人上线的方法，但是，当机器人处于黑线的正后方时，如图 4.3.12 所示，机器人可以选择先直行指定距离，直行的距离要保证机器人能够到达黑线处，然后两个光电传感器同时开始检测黑线并左右调整姿态，让黑线在两光电传感器的中间，最后启动双光电巡线程序开始巡线，程序设计示例如图 4.3.13 所示。

图 4.3.12　双光电机器人位于正后方的平行上线示意图

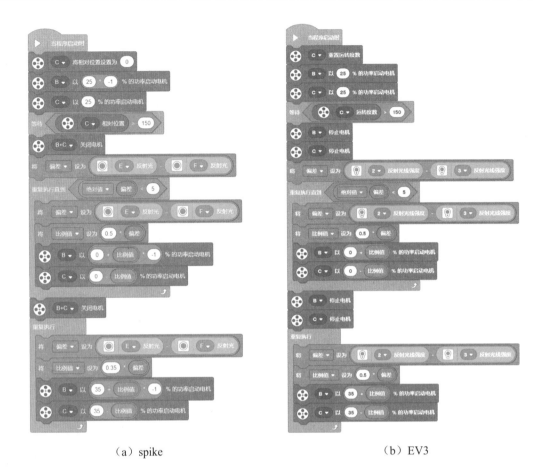

（a）spike　　　　　　　　　　　　　　　　（b）EV3

图 4.3.13　双光电机器人平行上线程序

试一试

机器人分别处于黑线的**左后方**、**右后方**、**左侧**和**右侧**，如图 4.3.14 所示，运用多种方法设计程序，让机器人采用双光电上线并巡线。

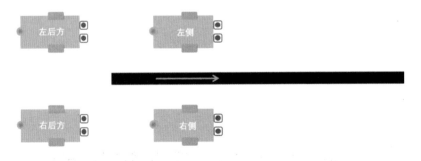

图 4.3.14　机器人位于黑线左后方、右后方、左侧和右侧的示意图

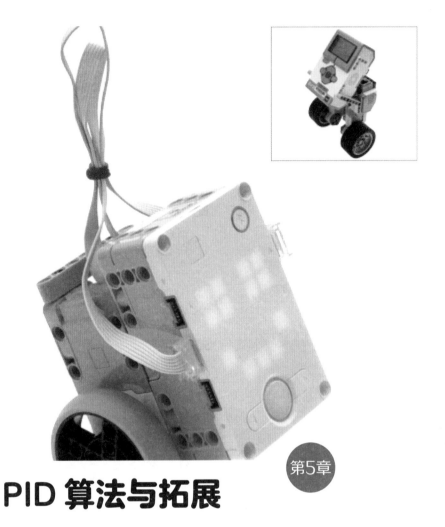

PID 算法与拓展

第5章

PID 算法是一种简单高效的自动控制算法。在传感器的辅助下，通过 PID 算法可以让电机快速准确到达目标位置。PID 算法可以实现机器人的制动、巡线、直线移动、转向，等等。PID 算法让机器人的运动和定位更精准。

5.1　从龟兔赛跑到微积分

（1）了解比例函数，知道什么是线性关系。

（2）了解极限的概念，理解极限的思想。

（3）知道微分和积分的概念，并理解微积分的思想。

█5.1.1　一条斜线的描述——比例函数

如果机器人以恒定不变的速度行驶，其路程、速度和时间之间存在着一定的联系，公式为

$$路程 = 速度 \times 时间$$

通常路程用字母 s 表示，速度用字母 v 表示，时间用字母 t 表示，则上式可表示为

$$s=vt$$

注意，当用字母表示一个关系式时，乘号（×）可以省略，或用点号（·）表示。

若机器人在场地上以 10cm/s 的速度匀速行驶，则速度公式为

$$s=10t$$

现在需要将机器人每秒移动的路程计算出来，根据公式，其计算的结果如下：

时间	速度	时间	总路程
1s	10	1	10
2s	10	2	20
3s	10	3	30
4s	10	4	40
5s	10	5	50

建立一个直角坐标系，横轴表示时间，纵轴表示路程，将表中的时间和路程在直角坐标中画出来，然后再将这些点用直线连接，如图 5.1.1 所示。

通过图 5.1.1 可以清晰地看到，路程随着时间的增大而增大，而且各个点连起来的线是一条倾斜的直线。

速度建立了路程与时间的联系，即机器人移动的路程与时间的比值是恒定的（$\frac{路程}{时间}=10$），关系式"$s=10t$"称为**比例函数**，恒定比值 10 称为**比例系数**，也称为**斜率**，路程与时间的关系称为**线性关系**。

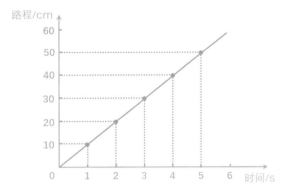

图 5.1.1　机器人移动的路程与时间图

速度大小和方向不变的运动叫作匀速直线运动，此外，还有一些直线运动的速度是规律变化的。例如，在程序的控制下，机器人从静止开始加速的过程中，其速度与时间的比值是恒定的，这就是匀加速直线运动。通过程序可以绘制匀加速直线运动的速度与时间的图像、路程与时间的图像，如图 5.1.2 和图 5.1.3 所示。

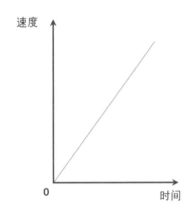

图 5.1.2　速度与时间图像（直线）

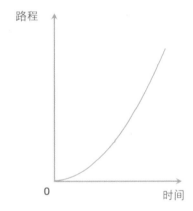

图 5.1.3　路程与时间图像（抛物线）

任务探究

单光电机器人正对着黑色区域行进，如图 5.1.4 所示，当机器人经过黑线边缘时，探究光电传感器反射光值的变化与机器人移动距离的关系。

图 5.1.4　机器人朝向黑色区域运动

机器人匀速向前移动，同时检测地面的反射光强度，通过反射光值与时间的变化关系即可反映反射光值与机器人移动距离的变化关系，其程序设计如图 5.1.5 所示，反射光值随时间的变化图如图 5.1.6 所示。

（a）spike

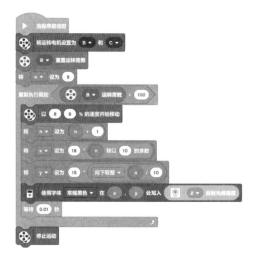

（b）EV3

图 5.1.5　机器人黑线检测程序

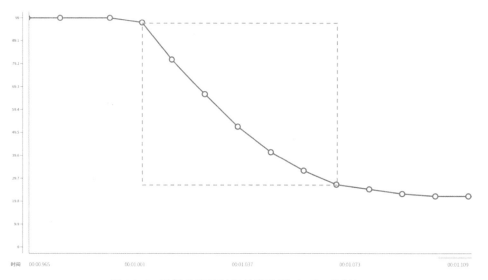

图 5.1.6　反射光值随时间的变化图（spike 绘制）

从图中可以看出，在机器人检测到黑线的过程中（虚线框内），反射光值与时间的关系接近直线，即反射光值与时间近似是线性关系，由于机器人是匀速行驶，则反射光值与机器人移动的距离也可以近似看成线性关系。

5.1.2　龟兔赛跑的"极限"

在龟兔赛跑的故事中，由于兔子在树下睡了一觉，最后让行动缓慢的乌龟赢得了比赛。在第二次龟兔赛跑中，兔子吸取了第一次比赛的经验，但兔子心里仍然清楚，自己跑得比乌龟快，所以这次兔子决定让乌龟一段距离，即乌龟在前面，兔子在后面，比赛开始后兔子飞快地跑着，乌龟拼命地爬。龟兔赛跑追逐的过程分析如下。

如图 5.1.7 所示，当兔子从起点 A 跑到乌龟的起点 B 时，那么乌龟肯定已经不在 B 点，而在 B 点前方的位置 C 点，同样的道理，当兔子从 B 点跑到 C 点的位置，乌龟不可能还在 C 点，肯定又跑到了 C 点的前方 D 点，照这样追逐下去，兔子能超过乌龟吗？

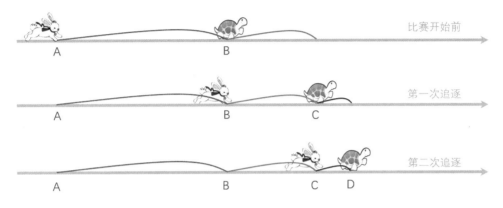

图 5.1.7　龟兔赛跑的追逐过程

照这样分析下去，我们会发现兔子将会"无限地逼近"乌龟，这里的"无限地逼近"蕴含了"极限"的要义。"极限"可以理解为"无限靠近但永远不能到达"的意思。然而，我们知道，最终兔子会突破极限，追上并超过乌龟。

简化龟兔赛跑的问题，现在只有乌龟从起点匀速爬行，起点到终点的距离是 1m，如图 5.1.8 所示，它先是从起点 A 跑到路程中点的位置 B，跑了全程的 $\frac{1}{2}$，然后再跑向余下路程的中点位置 C，又跑了全程的 $\frac{1}{4}$，照这样跑下去，乌龟能到达终点吗？

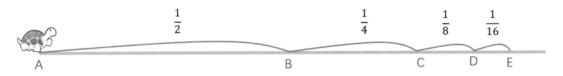

图 5.1.8　乌龟爬行示意图

照这样跑 n 次之后，乌龟跑的距离依次是 $\frac{1}{2}+\frac{1}{4}+\frac{1}{8}+\frac{1}{16}+\frac{1}{32}+\cdots+\frac{1}{2^{n}}$，其中 n 为 1，2，3$\cdots$，现在计算 n 次后，乌龟跑的总距离 s 是多少？

$$s_{总距离}=\frac{1}{2}+\frac{1}{4}+\frac{1}{8}+\frac{1}{16}+\frac{1}{32}+\cdots+\frac{1}{2^{n}}$$

由公式计算可得：

$$s_{总距离}=1-\frac{1}{2^{n}}$$

当 n 趋向于无穷大时，2^n 也趋向于无穷大，而 $\dfrac{1}{2^n}$ 无限地逼近 0，则 $1-\dfrac{1}{2^n}$ 趋向于 1。即乌龟跑的总距离会"无限地逼近"1m。在实际中，由于乌龟是匀速奔跑，乌龟"无限地逼近"终点的过程会很快，最终会突破"极限"到达终点，超越终点并继续前行。

以上计算也可以通过程序来获得结果，为了利于程序编写，总距离可写为：

$$s_{总距离}=0.5+0.5^2+0.5^3+\cdots+0.5^n$$

程序设计如图5.1.9所示，设置每0.1s循环一次，观测求和数据的变化，大约循环50次后，变量"求和"就会直接显示 1.0 并不再改变。

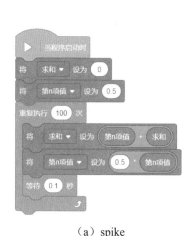

（a）spike   （b）EV3

图 5.1.9　总距离求和程序

再例如，无限循环小数为 $0.\dot{3}$，而 $0.\dot{3}$ 还可以表示为

$$3\times0.1+3\times0.1^2+3\times0.1^3+\cdots+3\times0.1^n$$

通过计算，可以得到：

$$3\times(0.1+0.1^2+0.1^3+\cdots+0.1^n)=3\times\dfrac{1-0.1^n}{9}$$

$$0.\dot{3}=\dfrac{1}{3}-\dfrac{1}{3\times10^n}$$

运用极限的思想，当 n 趋向于无穷大时，3×10^n 也趋向于无穷大，而 $\dfrac{1}{3\times10^n}$ 无限地逼近 0，则有

$$0.\dot{3}=\dfrac{1}{3}-0=\dfrac{1}{3}$$

这里采用了数学中"极限"的"无限逼近"的思想方法，运用这个方法可以得到无比精确的计算答案。有了极限的思想，很容易理解 $0.\dot{3}$ 与 $\dfrac{1}{3}$ 是相等的。

极限可以在直线与曲线之间建立桥梁。刘徽是我国魏晋时期的数学家，他提出了一种"割圆术"的方法求圆的面积，如图 5.1.10 所示，即先在一个圆内画一个正六边形，然后依次得正 12 边形、正 24 边形……割得越细，正多边形面积和圆面积之差越小，其原话是"割之弥细，所失弥少，割之又割，以至于不可割，则与圆周合体而无所失矣。"意思是，若极限分割，则这个多边形就越逼近于圆。他计算了 3072 边形面积并验证了这个值。他利用割圆术科学地求出了圆周率 π =3.1416 的结果。刘徽提出的计算圆周率的科学方法，奠定了此后千余年来中国圆周率计算在世界上的领先地位。

图 5.1.10　圆的分割

古代的人们认为天圆地方，即地面是平的，天是圆的。而今天的我们有了更远的视角，可以直接看到地球近似是个球体。古代的人们认为地面是平的，那是因为他们是从非常微小的角度去观察地球，脚下的每一寸土地都近乎是平的，若沿着一个方向一直走下去，然后把行走的每一个脚印连起来，绘制出来的形状则是圆形。

从人们对地球的认知到刘徽的"割圆术"，看到了曲线与直线的相互转变，这其中就显现了微积分的思想。

▌5.1.3　微分

将一个苹果用手举起，然后松开手，在地球引力的作用下，苹果竖直向下做自由落体运动，苹果下落的距离与时间的关系是 $s=5t^2$，其中 t 表示苹果下落的时间计算苹果在第 2 秒时的速度。

1s 后，苹果下落总距离 $s = 5\times1^2 = 5m$，平均速度 $v = \dfrac{5}{1} = 5m/s$

2s 后，苹果下落总距离 $s = 5\times2^2 = 20m$，平均速度 $v = \dfrac{20}{2} = 10m/s$

3s 后，苹果下落总距离 $s = 5\times3^2 = 45$，平均速度 $v = \dfrac{45}{3} = 15m/s$

通过以上分析可以看出，苹果在下落的过程中，其速度越来越大。若要计算苹果在第 2 秒时的速度，可以采用近似的方法，当苹果下落到第 2 秒的位置时，再给苹果一点点的时间继续下落，这个过程的时间记为 Δt，苹果在这一点点的时间里下落的距离记为 Δs，如图 5.1.11 所示。

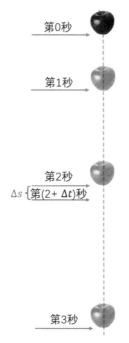

图 5.1.11　苹果下落过程的示意图

记当前的时刻为第 $(2+\Delta t)$ 秒，上一次的时刻为第 2 秒，则 Δt 可表示为

$$\Delta t = 当前时刻 - 上一次的时刻$$

记当前下落位置为 $5\times(2+\Delta t)^2$，上一次下落的位置为 5×2^2，则苹果在 Δt 内下落的距离 Δs 可表示为

$$\Delta s = 当前位置 - 上一次位置$$

式中的 Δs 就是苹果下落距离的**微分**，速度是研究物体在单位时间内路程变化的多少，通过以上推理可以发现，对路程的微分可以获得"一点点时间"内路程变化的多少。所以**对路程的微分可以反映物体运动的快慢——速度。**

对 Δs 做进一步的运算，则有

$$\Delta s = 5(2+\Delta t)^2 - 5\times 2^2$$

$$\Delta s = 5\times 2^2 + 10\times 2\cdot\Delta t + 5\Delta t^2 - 5\times 2^2$$

$$\Delta s = 10\times 2\cdot\Delta t + 5\Delta t^2$$

在上式的两边同时除以 Δt，有：

$$\frac{\Delta s}{\Delta t} = 10\times 2 + 5\Delta t$$

$\dfrac{\Delta s}{\Delta t}$ 是路程除以时间，即为苹果在 Δt 内下落的平均速度。Δt 越小，则计算的平均速度就越接近苹果在第 2 秒时的速度。在上式等号的右边算式中，采用极限思想，当 Δt 无限的逼近 0，则 $5\Delta t$ 也无限地逼近 0，则有

$$\frac{\Delta s}{\Delta t} \to v = 10 \times 2 + 5 \times 0 = 20\,\text{m/s}$$

即苹果在第 2 秒时的瞬时速度为 20m/s。这就是微分和极限共同发挥作用并精确计算的结果。

若不采用极限，通过距离的微分也可以近似地计算出苹果在第 2 秒的速度，例如，

假设 $\Delta t = 0.1\,\text{s}$，　$\dfrac{\Delta s}{\Delta t} = 10 \times 2 + 5 \times 0.1 = 20.5\,\text{m/s}$

假设 $\Delta t = 0.01\,\text{s}$，　$\dfrac{\Delta s}{\Delta t} = 10 \times 2 + 5 \times 0.01 = 20.05\,\text{m/s}$

在以上的计算中，当 $\Delta t = 0.01\,\text{s}$ 时，近似计算的速度为 20.05m/s，这已经很接近 20m/s 的真实速度了。所以在研究很多物体的运动时，若精度要求不高，采用微分近似计算就可以满足需要了。

$$\Delta s = 当前位置 - 上一次位置$$

$$\Delta t = 当前时刻 - 上一次的时刻$$

$$v = \frac{\Delta s}{\Delta t}$$

若每一次选取的 Δt 非常微小且大小不变，也可以直接通过 Δs 来反映物体的速度。

当研究机器人移动的速度、电机旋转的速度以及机器人的转向速度时，可以运用微分的思想，通过测量 Δt 内物体位置的变化来求得速度。

5.1.4　积分

1. 积分计算三角形面积

有一个直角三角形，如图 5.1.12 所示，横直角边 x=2m，竖直角边 y=1m，若直接运用三角形的面积公式

$$三角形面积 = 底长 \times 高 \div 2$$

可直接计算出面积为

$$2 \times 1 \div 2 = 1\text{m}^2$$

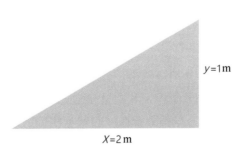

图 5.1.12　直角三角形

若不采用三角形面积公式，还可以换一个方法来计算三角形的面积。将底边分割为1000等份，则每一份的长为

$$2m \div 1000 = 0.002m = 2mm$$

然后以每一份的边画一个小长方形，如图 5.1.13 所示，计算这 1000 个小长方形的面积。

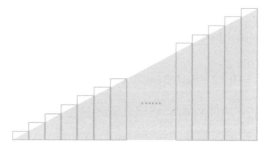

图 5.1.13　分割后的直角三角形

第 1 份底为 2mm，高为 1mm，面积为 $=2 \times 1mm^2$
第 2 份底为 2mm，高为 2mm，面积为 $=2 \times 2mm^2$
第 3 份底为 2mm，高为 3mm，面积为 $=2 \times 3mm^2$
　⋮
第 1000 份底为 2mm，高为 1000mm，面积为 $=2 \times 1000mm^2$
现在把 1000 个小长方形进行加起来求和：

$$S_{和} = 2 \times (1+2+3+\cdots+1000)$$

$$S_{和} = 2 \times \frac{1000 \times 1000 + 1}{2}$$

$$S_{和} = 1000 \times 1000 + 1000mm^2$$

$$S_{和} = 1 + 0.001m^2$$

若将横直角边等分为 n 份，则有：

$$S_{和} = \frac{1}{n} + 1$$

注意，上式的推导参见 5.1.7 节。

当 n 趋向于无穷大时，$\frac{1}{n}$ 趋向于 0，则有

$$S_{和} = 1m^2$$

在以上的计算中，把直角边分割得越小，数量越多，再把每一个微小的部分进行累加求和，得到的结果就越接近三角形面积。其中直角边的分割就是微分，把每一个微小的部分加起来进行求和就是积分。微分与积分合在一起就是我们所说的微积分。

通过机器人编程，也可以简单快速地计算出 1000 个小长方形的总面积。现在对 $S_{和}$ 进行进一步计算，可得：

$$S_{和} = 2 \times (1 + 2 + 3 + \cdots + 1000)$$

$$S_{和} = 2 + 4 + 6 + \cdots + 2000$$

根据以上式子，对应 $S_{和}$ 求和的程序设计如图 5.1.14 所示，最后的变量"求和"显示的结果为 1001000，与上面的计算结果一致。

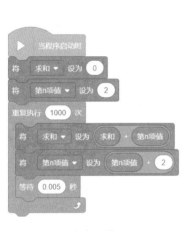

（a）spike

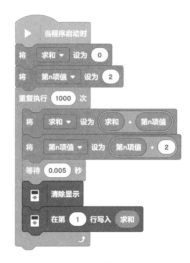

（b）EV3

图 5.1.14　$S_{和}$ 求和的程序

2. 路程即为速度对时间的积分

机器人正在做匀加速直线运动，其速度与时间的关系为 $v=2t$，速度与时间的关系图如图 5.1.15 所示，求 10s 内机器人移动的距离，其中速度的单位为 cm/s。

把 10s 的时间分割为 1000 等份，如图 5.1.16 所示，每一份的时间为 0.01s，根据公式 $v=2t$，当前的速度等于 2 乘以当前总时间。

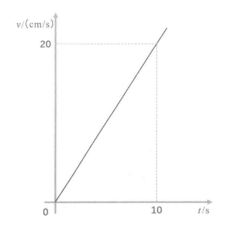

图 5.1.15　速度与时间关系图

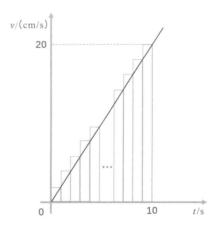

图 5.1.16　10s 分割为 1000 等份

$$每份路程 = 当前速度 \times 每一份时间$$

第 1 份时间对应的路程：$2 \times 0.01 \times 1 \times 0.01 = 0.0002$

第 2 份时间对应的路程：$2 \times 0.01 \times 2 \times 0.01 = 0.0004$

第 3 份时间对应的路程：$2 \times 0.01 \times 3 \times 0.01 = 0.0006$

⋮

第 1000 份时间对应的路程：$2 \times 0.01 \times 1000 \times 0.01 = 0.2$

积分求和，将以上所有的路程累加在一起即为 $S_{总路程}$，则有

$$S_{总路程} = \frac{2}{10000} \times (1 + 2 + 3 + \cdots + 1000)$$

$$S_{总路程} = \frac{2}{10000} \times \frac{1000 \times (1 + 1000)}{2} = 0.1 + 100$$

若把 10s 的时间分割为 n 等份，每一份的时间为 $\frac{10}{n}$，则 $S_{总路程}$ 可表示为

$$S_{总路程} = \frac{100}{n} + 100$$

上式推导参见 5.1.5 节，运用极限的思想，当 n 趋向于无穷大时，则 $\frac{100}{n}$ 无限地逼近 0，则

$$S_{总路程} = 0 + 100 = 100$$

通过以上分析可知，时间分割得越小，通过积分计算的总路程就越准确。在任何情况下，速度对时间的积分可以计算出物体运动的路程，反过来，对路程的微分可以得到物体在任意时刻的速度。

试一试

设计程序计算 $S_{总路程} = \frac{2}{10000} \times (1 + 2 + 3 + \cdots + 1000)$。

5.1.5 拓展阅读：龟兔赛跑的极限追逐

乌龟的爬行速度大约为 0.003km/min，即 3m/min 或 0.05m/s，兔子的奔跑速度最快能达到 72km/h，即 8m/s，为了便于计算，假设兔子的速度是 10m/s，乌龟慢一些，为 2m/s。乌龟领先兔子 200 米开始起跑，如图 5.1.7 所示，即 A、B 两点间的距离为 200m。

当兔子从起点 A 跑到乌龟的起点 B 时，那么乌龟肯定已经不在 B 点，而在 B 点前方的位置 C 点，同样的道理，再当兔子从 B 点跑到 C 点的位置，乌龟不可能还在 C 点，肯定又跑到了 C 点的前方 D 点，照这样一直追逐下去……

按以上的分析，在某次的追逐中，乌龟跑的距离为 $s_{乌龟}$，兔子跑的距离为 $s_{兔子}$，各自

跑的时间都为 t，则有

$$s_{乌龟} = v_{乌龟}t$$
$$s_{兔子} = v_{兔子}t$$

其中，兔子跑的距离 $s_{兔子}$ 等于乌龟上一次跑的距离 $s_{乌龟}$，即

$$s_{兔子} = s_{乌龟（上一次）}$$

将这个结果带入 $s_{兔子} = v_{兔子}t$ 中，可得

$$s_{乌龟（上一次）} = v_{兔子}t, \quad t = \frac{s_{乌龟（上一次）}}{v_{兔子}}$$

又 $s_{乌龟} = v_{乌龟}t, \quad t = \dfrac{s_{乌龟}}{v_{乌龟}}$

在以上的式子中，由于时间 t 相同，则有

$$\frac{s_{乌龟}}{v_{乌龟}} = \frac{s_{乌龟上一次}}{v_{兔子}}$$

$$s_{乌龟} = \frac{v_{乌龟}}{v_{兔子}} \cdot s_{乌龟（上一次）}$$

由此可以分析出乌龟第 n 次跑得距离 s_n 为

$$s_n = \frac{v_{乌龟}}{v_{兔子}} \cdot s_{n-1}$$

乌龟的速度为 2m/s，兔子的速度 10m/s，代入上式可得

$$s_n = \frac{2}{10} \cdot s_{n-1}$$

这是等比数列，对距离 s_n 求和

$$s_1 + s_2 + \cdots + s_n = \frac{s_1\left(1 - \dfrac{1}{5}^{n}\right)}{1 - \dfrac{1}{5}}$$

在第一次追逐中，由于乌龟领先兔子 200m 起跑，则追逐的时间为

$$t_1 = \frac{200}{v_{兔子}} = \frac{200}{10} = 20\text{s}$$

在时间 t_1 中，乌龟爬行的距离为

$$s_1 = v_{乌龟} \times t_1 = 2 \times 20 = 40\text{m}$$

将 $s_1 = 40$ 代入式子 $s_1 + s_2 + \cdots + s_n = \dfrac{s_1\left(1 - \dfrac{1}{5}^{n}\right)}{1 - \dfrac{1}{5}}$ 中，可得

$$s_1 + s_2 + \cdots + s_n = 50 \times \left(1 - \frac{1^n}{5}\right) = 50 - \frac{50}{5^n}$$

当 n 趋向于无穷大时，$\dfrac{50}{5^n}$ 趋向于 0，则有

$$s_1 + s_2 + \cdots + s_n = 50\,\text{m}$$

即乌龟爬行到 50m 的位置时，兔子与乌龟相遇。

试一试

用你学过的方法计算以上龟兔赛跑相遇的位置，验证以上的计算结果。

5.1.6 拓展阅读：计算苹果在任意时刻的速度

松开手中的苹果，苹果做自由落体运动，苹果下落的路程与时间的关系为 $s=5t^2$，计算苹果在 t 秒时的速度。

采用微分法，当苹果下落 t 秒时，再给苹果一点点的时间 Δt，苹果在 Δt 时间里下落的距离记为 Δs。

$$\Delta s = 5(t + \Delta t)^2 - 5t^2$$

$$\Delta s = 5t^2 + 10t \cdot \Delta t + 5\Delta t^2 - 5t^2$$

$$\Delta s = 10t \cdot \Delta t + 5\Delta t^2$$

$$\frac{\Delta s}{\Delta t} = 10t + 5\Delta t$$

采用极限思想，当 Δt 无限地逼近 0，则 $5\Delta t$ 也无限地逼近 0，有

$$\frac{\Delta s}{\Delta t} \to v = 10 \times t + 5 \times 0 = 10t$$

即苹果下落的速度与时间的关系为

$$v = 10t$$

这是一个匀加速直线运动。

5.1.7 拓展阅读：三角形面积计算拓展

直角三角形的横直角边 $x=2$m，竖直角边 $y=1$m，求三角形的面积。

将底边分割为 n 等份，每一份长为 $\dfrac{2}{n}$。然后以每一份的边画一个小长方形，计算这 n 个小长方形的面积。

第一份面积 $S_1 = \dfrac{2}{n} \cdot \dfrac{1}{n}$

第二份面积 $S_2 = \dfrac{2}{n} \cdot \dfrac{2}{n}$

第三份面积 $S_3 = \dfrac{2}{n} \cdot \dfrac{3}{n}$

$\vdots$

第 n 份面积 $S_n = \dfrac{2}{n} \cdot \dfrac{n}{n}$

积分求和：

$$S_1 + S_2 + S_3 \cdots\cdots + S_n = \frac{2}{n} \cdot \frac{1}{n}(1 + 2 + 3 + \cdots + n)$$

$$S_{和} = \frac{2}{n^2} \cdot \frac{n(1+n)}{2}$$

$$S_{和} = \frac{2}{n^2} \cdot \frac{n(1+n)}{2}$$

$$S_{和} = \frac{n + n^2}{n^2}$$

$$S_{和} = \frac{1}{n} + 1$$

当 n 趋向于无穷大时，$\dfrac{1}{n}$ 趋向于 0，则有

$$S_{和} = 1$$

5.1.8　拓展阅读：路程即为速度对时间的积分

机器人的速度与时间的关系为 $v=2t$，速度的单位为 cm/s，计算机器人在任意时间 t 内移动的距离 S。

把时间 t 分割为 n 等份，每一份的时间为 $\dfrac{t}{n}$，根据 $v=2t$，当前的速度等于 2 乘以当前的总时间。

$$每一份路程 = 当前速度 \times 每一份时间$$

第 1 份时间对应的路程：$2 \times \dfrac{t}{n} \times \dfrac{t}{n}$

第 2 份时间对应的路程：$2 \times \left(\dfrac{t}{n} \times 2 \right) \times \dfrac{t}{n}$

第 3 份时间对应的路程：$2 \times \left(\dfrac{t}{n} \times 3 \right) \times \dfrac{t}{n}$

$\vdots$

第 n 份时间对应的路程：$2 \times \left(\dfrac{t}{n} \times n \right) \times \dfrac{t}{n}$

将以上所有的路程累加在一起即为 $S_{总路程}$，则有

$$S_{总路程} = \frac{2 \cdot t^2}{n^2} \cdot (1 + 2 + 3 + \cdots + n)$$

$$S_{总路程} = \frac{2 \cdot t^2}{n^2} \cdot \frac{n(1+n)}{2} = \frac{n \cdot t^2}{n^2} + \frac{n^2 \cdot t^2}{n^2}$$

$$S_{总路程} = \frac{t^2}{n} + t^2$$

若 $t = 10\text{s}$，则

$$S_{总路程} = \frac{100}{n} + 100$$

运用极限的思想，当 n 趋向于无穷大时，则 $\dfrac{t^2}{n}$ 无限地逼近 0，则

$$S_{总路程} = \frac{t^2}{n} + t^2 = 0 + t^2$$

$$S_{总路程} = t^2$$

从计算结果可以看出，机器人移动的路程等于时间的平方，例如，经过 3s，机器人移动的距离为：$3^2 = 9\text{m}$。

5.2　PID 算法与巡线

学习目标 ✎

（1）认识 PID 算法及应用领域。

（2）理解 PID 算法，学会运用 PID 算法控制机器人进行单光电巡线、双光电巡线和四光电巡线。

（3）通过 PID 巡线的学习，掌握 PID 参数调试的方法。

5.2.1　PID 巡线算法

PID 算法是一种应用非常普遍的控制方法，例如，机器人的运动、四轴无人机的飞行、

平衡车的直立、火箭发射等，这些都用到了 PID 算法，甚至在手指上立起的一根木棒，这里面也用到了 PID 算法的思想。PID 算法还在机电、冶金、机械、化工等行业有广泛的应用。

对于一个控制对象，例如，单光电巡线机器人以目标值 50（黑线边缘的反射光值）巡线，当光电传感器的反射光值与设定的目标值出现偏差，那么 PID 算法就根据这个偏差，经过比例、积分和微分的运算，用这三个运算的结果控制电机的功率，使光电传感器获取的反射光值接近或等于目标值，以减小甚至消除偏差。

PID 是 Proportional（比例）、Integral（积分）、Differential（微分）的缩写，如图 5.2.1 所示，即 P 指的是基于偏差的比例运算，I 指的是基于偏差的积分运算，D 指的是基于偏差的微分运算，通过这三个算法的线性组合可有效地纠正被控制对象的偏差，使偏差趋向于 0，减小系统的振荡，从而使控制对象达到一个稳定的状态。

图 5.2.1　PID 的缩写

运用 PID 算法的第一步是找出控制对象的偏差，在机器人单光电巡线中，偏差可表示为

偏差 = 目标值 − 光电传感器反射光值

目标值通常设为黑线边缘反射光值的中间值，例如，光电传感器检测某黑线边缘的反射光值变化范围为 0 ～ 100，则目标值可以设为中间值 50，接下来以单光电巡线机器人为例阐述 PID 算法原理，本节使用的单光电巡线机器人如图 5.2.2 所示，其中 spike 机器人的驱动轮左电机接端口 B，右电机接端口 C，光电传感器接端口 D；EV3 机器人的驱动轮左电机接端口 B，右电机接端口 C，光电传感器接端口 1。

（a）spike

（b）EV3

图 5.2.2　单光电巡线机器人

▌5.2.2 比例算法

机器人的比例巡线运用的就是比例算法，即对偏差乘以一个比例系数，比例系数起着放大或缩小偏差的作用，则巡线的比例算法可表示为

$$偏差 = 目标值 - 光电传感器反射光值$$

比例项的输出 p 可表示为

p= 比例系数 × 偏差

再将 p 输入给电机，对电机的功率进行控制，可表示为

左电机功率 = 目标功率 $-p$
右电机功率 = 目标功率 $+p$

这里的目标功率指的是机器人巡线的功率，目标功率越大，则机器人巡线越快。从以上的两个表达式中可以看出，机器人越偏向黑线，测量的反射光值越小，偏差越大，比例值也越大，由于右电机功率是加 p，左电机功率是减 p，所以左右电机的功率差越大，则机器人的转向越快，加速了机器人对偏差的修正，以此来减小偏差。根据比例算法，机器人沿黑线左边缘巡线的程序设计如图 5.2.3 所示。

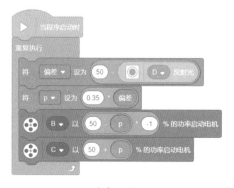

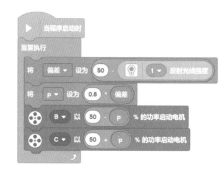

（a）spike   （b）EV3

图 5.2.3　比例算法巡线的程序

在比例巡线程序的循环内部添加线性绘制模块 ，可绘制偏差随时间的变化曲线，如图 5.2.4 所示。结合曲线和实际巡线的效果，机器人巡线的初始阶段稍有一点不稳定，此时可看到巡线的机器人在振荡，但在比例算法的控制下，偏差很快控制在 $-10 \sim +10$，交替变化，即偏差在微小范围内的振荡，此时几乎看不到实际巡线的机器人在振荡，我们可以认为机器人已经进入巡线的稳定状态。

比例运算在 PID 算法中起着主要作用。以比例算法控制机器人巡线适用于低速巡线，但对于快速、复杂线路的巡线，还需要积分、微分等算法的辅助。

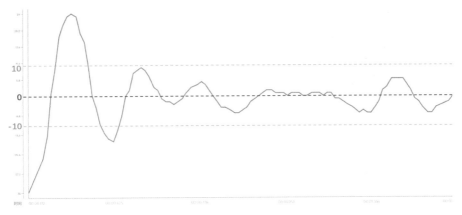

图 5.2.4　比例巡线的偏差随时间变化的曲线（spike 绘制）

试一试

（1）选用单光电巡线机器人在直线上进行比例巡线，逐步增大比例系数，观察机器人巡线效果。再适当降低目标功率，让机器人巡线更稳定，可通过绘制偏差随时间变化的曲线进行分析。

（2）选用单光电机器人在圆形曲线上进行比例巡线，如图 5.2.5 所示，圆形曲线半径为 20 ～ 30cm，逐步增大比例系数，观察机器人的巡线效果，适当降低目标功率，让机器人巡线更稳定，可通过绘制偏差随时间变化的曲线来分析。

图 5.2.5　圆形曲线

5.2.3　微分算法

单光电巡线机器人沿着黑线的左边缘巡线，图 5.2.6 所示为机器人遇到的两种不稳定的巡线状态，黄色圆斑指示的是光电传感器的位置。图中光电传感器相对黑线的位置都相同，并且都朝着黑线边缘的右侧偏移，其中图 5.2.6（a）中的光电传感器偏移的速度更快一些。若只采用比例算法控制，由于偏差相同，则两图中电机的控制功率相同，其转向力度也相同，图 5.2.6（a）中的机器人更难迅速恢复到稳定的巡线状态。

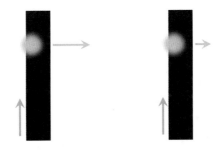

（a）向右偏移得快　　（b）向右偏移得慢

图 5.2.6　机器人左巡的两种不稳定状态

比例运算只能根据机器人左右偏移的距离控制电机的功率，左右偏移的距离通过偏差来反映，若要机器人能够根据左右偏移的快慢（速度）来进一步控制电机功率，让巡线机器人更快地恢复稳定，就需要添加新的算法——微分算法。

微分算法通过对机器人左右偏移的距离进行微分计算，从而得到偏移的快慢，实现对机器人偏移速度的控制。

在图 5.2.6 中，光电传感器的大部分光斑在黑线上，其偏差为正值，并有增大的趋势，图 5.2.6（a）比图 5.2.6（b）偏移的速度大（速度为正值），在比例和速度（微分）的联合控制下，图 5.2.6（a）中的机器人将获得更大的左转向力，可以让机器人快速实现巡线的稳定。

巡线机器人在一个微小的时间内偏移的距离可以通过这段时间内光值的变化来反映，例如，在程序的一次循环中，程序每次循环的时间非常短且几乎相同，为了让机器人的偏移距离与光值的变化量相等，还需要对光值乘以一个偏移系数，由于光值的变化与偏移的距离呈线性关系（详见 5.1.1 节），所以偏移系数是一个固定不变的数，那么机器人在一次程序循环中的偏移距离可表示为

$$偏移距离 = 偏移系数 \times (当前光值 - 上一次光值)$$

其中，当前光值为光电传感器在本次程序循环中检测的反射光值，上一次光值为光电传感器在上一次程序循环中检测的反射光值。类比速度公式，则机器人的左右偏移速度可表示为

$$偏移速度 = \frac{偏移距离}{程序单次循环的时间}$$

$$偏移速度 = 偏移系数 \times \frac{当前光值 - 上一次光值}{程序单次循环的时间}$$

由于巡线程序每次循环所用的时间几乎是相同的，所以时间也可以认为是一个不变的值。

$$偏移速度 = \frac{偏移系数}{程序单次循环的时间} \times (当前光值 - 上一次光值)$$

$$偏移速度 = \frac{-偏移系数}{程序单次循环的时间} \times \left[(目标值 - 当前光值) - (目标值 - 上一次光值)\right]$$

$$偏移速度 = \frac{-偏移系数}{程序单次循环的时间} \times (当前偏差 - 上一次偏差)$$

$\dfrac{-偏移系数}{程序单次循环的时间}$ 是一个不变的数，而（当前偏差 - 上一次偏差）就是偏差的**微分**，即偏移速度与微分成正比，所以通过微分可以反映机器人巡线的偏移速度，其中微分可表示为

$$微分 = 当前偏差 - 上一次偏差$$

要使微分能够起作用，在 PID 算法中还需要对微分乘以一个微分系数，则微分项的输出 d 可表示为：

$$d = 微分系数×（当前偏差－上一次偏差）$$

为了使微分与偏差的控制一致，则微分系数需大于 0。机器人巡线的微分系数是通过调试得出的，并且微分系数与巡线程序的单次循环时间有关。

联合比例运算和微分运算，将"当前偏差"记为"偏差"，则巡线的 PD 算法可表示为：

$$偏差 = 目标值 － 光电传感器反射光值$$

$$p = 比例系数 × 偏差$$

$$微分 = 偏差 － 上一次偏差$$

$$d = 微分系数×微分$$

$$上一次偏差 = 偏差$$

$$pd = p + d$$

$$左电机功率 = 目标功率 － pd$$

$$右电机功率 = 目标功率 + pd$$

有了 PD 算法，通过多次调试获得比例系数和微分系数，机器人就能够快速稳定地巡线了，即使遇到干扰，机器人也会很快恢复到稳定的巡线状态。采用比例和微分设计的巡线程序称为 PD 巡线，PD 巡线非常适合快速直线巡线，其程序设计示例如图 5.2.7 所示。

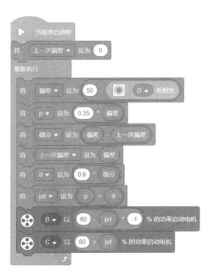

（a）spike

（b）EV3

图 5.2.7　机器人 PD 巡线的程序

在 PD 巡线程序的循环内部添加线形绘制模块 ，可绘制偏差随时间变化的曲线，如图 5.2.8 所示。对比比例巡线偏差变化的曲线，可以看出，添加微分运算后，机器人会更快地进入稳定的巡线状态，并且整体的巡线效果比比例巡线更稳定，在 PD 巡线中，适当增大目标功率，机器人仍可以稳定巡线，而在比例巡线中，目标功率的增大很容易会导致巡线产生振荡。

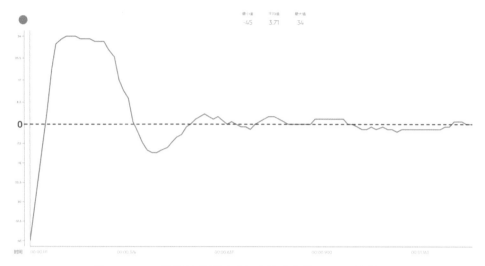

图 5.2.8　PD 巡线的偏差随时间变化的曲线（spike 绘制）

试一试

（1）选用单光电机器人在直线上进行 PD 巡线，逐步增大比例系数，优化微分系数，并进行手动干扰振荡测试，让机器人能够稳定巡线。

（2）选用单光电机器人在直线上进行 PD 巡线，逐步增大目标功率，优化比例系数和微分系数，并进行手动干扰振荡测试，让机器人能够稳定巡线。

（3）选用单光电机器人分别在圆形曲线和直角曲线上进行 PD 巡线，如图 5.2.9 所示，其中圆形曲线半径为 20 ～ 30cm，直角曲线的曲线半径为 5 ～ 10cm，逐步减小曲线半径，优化比例系数和微分系数，并进行手动干扰振荡测试，让机器人能够稳定巡线，可通过绘制偏差随时间变化的曲线进行分析。

图 5.2.9　圆形曲线和直角曲线

5.2.4　积分算法

任务探究

使用单光电巡线机器人，采用比例和微分算法设计程序，让机器人在斜面上左巡线，如图 5.2.10 所示，通过倾斜赛台也可以获得斜面，建议斜面的倾角范围为 30°～ 45°。

图 5.2.10 斜面巡线

将巡线机器人的目标功率设为 35，则机器人在斜面上 PD 巡线的程序设计如图 5.2.11 所示，当机器人在斜面上正常巡线时，对比观察水平面直线巡线与斜坡上直线巡线的光斑位置有什么不同，进一步增大斜面的倾角，观察光斑位置的变化。

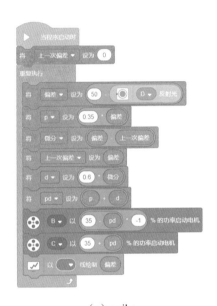

（a）spike

（b）EV3

图 5.2.11 PD 巡线程序

当机器人在水平面的直线上巡线时，光电传感器的光斑在黑线的边界上，偏差在 0 附近，而当机器人在斜面上巡线时，机器人也可以稳定巡线，但光电传感器的光斑会偏离黑线的边界，如图 5.2.12 所示，从巡线程序绘制的曲线也可以看出，巡线中的偏差明显大于 0。

机器人在斜面上巡线，假设巡线光斑在黑线左边界上，由于地球引力的作用，机器人的尾部比头部更重，所以机器人有着右转向运动的趋势，即机器人会向行进方向的右侧偏移，在比例算法的控制下，右电机比左电机会获得更大的功率，但由于机器人有右转的趋势，右电机比左电机的阻力大，更大的功率将用来抵消机器人行进的阻力，所以机器人很快就会在偏向黑线边缘的右侧附近"正常巡线"了。

从程序的角度来看，光斑之所以不能回到黑线的中央，是因为"正常巡线"产生的偏差较小，受机器人右转向力的影响，使得右电机功率不足以将机器人推回黑线的边界上。加之机器人"正常巡线"时的偏移速度几乎为 0，微分也几乎为 0，即微分也起不了作用。

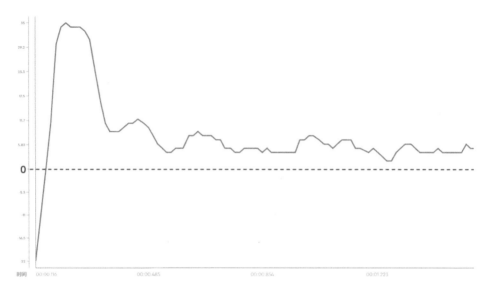

图 5.2.12　机器人在斜面巡线时的偏差随时间变化的曲线（spike 绘制）

现在需要一个方法来消除这一微小的偏差，可将机器人"正常巡线"中的当前和过去所有的微小偏差全部累加起来，通过偏差的累加求和来放大微小的偏差，并将求和结果加入到 PD 算法中，这样右电机就可以获得足够大的功率，让机器人回到黑线的边界上。

这种将当前和过去所有的偏差进行累加求和的方法就是积分，可表示为

积分 = 第一次偏差 + 第二次偏差 +…+（当前）偏差

由于巡线程序添加了循环，所以在一次程序的循环中，积分运算也可以表示为

积分 = 过去偏差总和 +（当前）偏差

或表示为

积分 =（上一次）积分 +（当前）偏差

为了让积分能够有效地控制巡线，在积分的前面还需要乘以一个积分系数，则积分项的输出 i 可表示为

i = 积分系数 × 积分

在一次巡线程序的循环中，完整的 PID 巡线算法可表示为

（当前）偏差 = 目标值 - 光电传感器反射光值

p = 比例系数 ×（当前）偏差

（当前）积分 =（上一次）积分 +（当前）偏差

i = 积分系数 ×（当前）积分

微分 =（当前）偏差 - 上一次偏差

d = 微分系数 × 微分

上一次偏差 =（当前）偏差

pid = p+i+d

左电机功率 = 目标功率 −pid

$$右电机功率 = 目标功率 +pid$$

根据 PID 算法设计的巡线程序如图 5.2.13 所示，在 PID 巡线程序的循环内部添加线性绘制模块 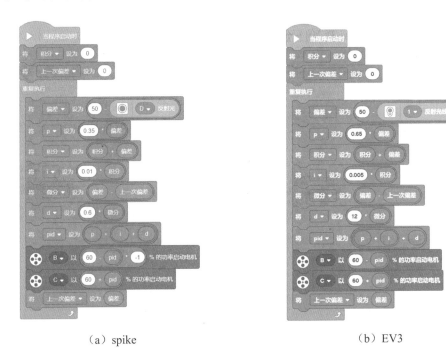，可绘制偏差随时间的变化曲线，如图 5.2.14 所示。通过曲线可以看出，机器人在斜面巡线过程中的偏差恢复到 0 附近。

（a）spike　　　　　　　　　　　（b）EV3

图 5.2.13　PID 巡线程序

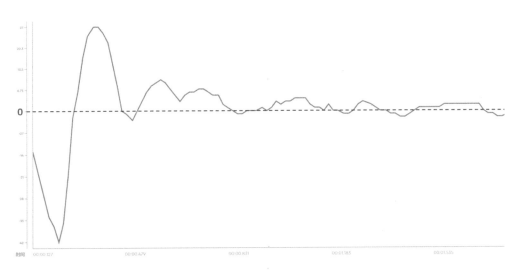

图 5.2.14　PID 斜面巡线中的偏差随时间变化的曲线

积分算法可以消除偏差，让偏差趋于 0，使机器人可以正常巡线。但积分的添加容易让机器人巡线出现振荡，所以在进行积分运算时，通常需要对积分乘以一个较小的积分系数，让积分计算的结果变小，最终只要积分能够起作用即可，调试时还需要稍微降低比例系数，同时还需要微分的协助来使机器人更快地进入稳定巡线状态。

若机器人在水平面的直线段上巡线，则机器人巡线可以不使用积分算法，仅使用 PD 算法就可以让机器人稳定地巡线了。

试一试

选用单光电巡线机器人在圆形曲线上进行 PD 巡线，其中圆形曲线的半径为 20 ～ 30cm，机器人巡线的目标功率设为 35 ～ 50，对比观察水平面直线巡线与圆形曲线巡线的光斑位置有什么不同，也可以通过绘制偏差随时间变化的曲线来观察，若减小圆形曲线的半径，光斑的位置会发生变化吗？分析其中的原因，通过添加积分算法来优化巡线效果。

5.2.5　PID 算法调试

PID 算法中有三个重要的参数：比例系数、积分系数和微分系数，如何获得这三个参数是掌握 PID 算法的关键。对于 PID 巡线机器人，机器人的结构设计、机器人重量、光电传感器位置、电机性能、PID 程序单次循环的时间、巡线的线形、巡线功率等因素都会影响巡线效果。所以某个 PID 巡线的参数一般只适用于对应的机器人在特定场景下的巡线。

比例算法是用来控制机器人减小偏差的，让机器人能够巡线，起主要作用，但比例系数过大会引起巡线振荡。

积分算法是用来消除微小偏差的，积分在功能上也起到比例控制的作用，所以积分的控制容易引起巡线的振荡。也就是说，当巡线引入积分控制时，积分系数是非常小的，而且还需要适当降低比例系数。

微分算法用来减弱巡线中的振荡，微分可以减弱比例控制、积分控制、线形变化以及外部干扰带来的振荡。适当增大微分系数会起到减弱振荡的作用，但过大的微分系数也会引起振荡。

PID 巡线参数的调试有多种方法，本书选用一种较为简单且易于掌握的方法。PID 巡线的三个参数调试可以按一定的顺序进行，最先调试的是比例系数，然后调试微分系数，最后调试积分系数。

选用单光电巡线机器人，让机器人在水平面上的黑直线上以目标功率 30 ～ 60 进行巡线。用于调试的 PID 巡线程序参考图 5.2.13 所示。

1. 比例系数调试

将 PID 巡线程序中的积分系数和微分系数都设置为 0，比例系数由 0 开始逐渐增大，每次增加 0.05，在精细调试阶段每次变化 0.02 或更小，直到机器人能够沿着黑线边缘巡线并表现微小的振荡或振荡消失，记录此时的比例系数，设定程序中 PID 的比例系数为当前值的 80% 左右。

很多时候，比例系数是需要根据机器人巡线的要求来设置的。若是需要快速地直线巡线，巡线的目标功率通常可以接近或等于 100，机器人要设计得轻小，对称性好，光电传感器的安装位置较为理想，在巡线参数调试时，比例系数需要逐步降低，积分系数设置为 0，适当增大微分系数，保证机器人可以沿直线快速稳定巡线。若是需要机器人拥有更稳定的巡线能力，能够牢地抓住黑线，不容易偏离黑线或飞线，例如在机器人巡线的初始阶段、曲线巡线阶段以及精准定位阶段，在 PID 巡线参数调试时，巡线的目标功率需降低至 50 左右，甚至更低，比例系数可适当增大，曲线段巡线在降低巡线速度的同时还需要添加积分控制，保证机器人能够稳定巡线。

2. 微分参数调试

确定机器人巡线的目标功率和比例系数，继续设置积分系数为 0，微分系数从 0 开始逐渐增大，每次增加 0.1，在精细调试阶段每次变化 0.05 或更小，机器人的巡线将经历从开始的微振荡到不振荡阶段，然后又从不振荡阶段到振荡阶段，找到机器人在不振荡阶段的微分系数并记录。选择不振荡阶段的微分系数，当机器人进入稳定的巡线状态时，通过手动进行干扰，让机器人产生振荡，观察机器人能否快速恢复到稳定的巡线状态，恢复得越快，说明当前的微分系数越好，记录最佳的微分系数，并写入程序。

3. 积分参数调试

当机器人在曲线段巡线时，机器人沿着曲线巡线并不断转向，在"离心力"（惯性）的影响下，机器人会偏向曲线的外侧，此时需要添加积分运算，积分系数从 0 逐渐增大，调试时，积分每次增加 0.005，在精细调试阶段每次变化 0.002 或更小，直到机器人能够沿曲线稳定巡线，必要时，还需要进一步降低巡线功率，通过积分和微分的联调，使机器人能够稳定巡线。在积分系数的调试中，也需要通过手动干扰进行测试，让机器人产生振荡，观察机器人能否快速恢复到稳定的巡线状态，恢复得越快，说明当前的积分系数越好。

4. 参数调试原则

PID 参数调试遵循从易到难的原则，即先学习直线段巡线参数的调试，再学习曲线段参数的调试；先学习低速巡线的调试，再学习快速巡线的调试；先学习比例巡线的调试，然后学习添加微分运算的巡线参数调试，再学习添加积分运算的巡线参数调试。机器人巡线的目标功率越大，PID 参数的调试难度也越大，尤其是曲线以及复杂线段的 PID 参数调试，若目标功率超过某个值，可能永远也调试不出理想的参数，如曲线半径过小，机器人受"离心力"和轮地间摩擦力的影响，以及电机产生最大转向力量的限制，使得机器人难以快速响应并跟随曲线巡线，即最终的巡线效果是机器人偏离或飞离黑线，其最简单的解决方法为降低目标功率，重新调试参数，让机器人稳定巡线。

在 PID 参数的调试过程中，可通过绘制线性曲线来分析数据，帮助参数的调试，例如，绘制偏差随时间变化的曲线、积分随时间变化的曲线。随着调试经验的积累，PID 参数的调试会越来越快。例如，在单光电巡线机器人的比例参数调试中，经验告诉我们，比例系数太小，机器人难以巡线，所以比例系数可以直接从 0.2 或 0.3 开始向上调。

试一试

（1）选用单光电机器人分别在 U 形曲线、S 形曲线上进行 PID 巡线，如图 5.2.15 所示，两线的曲线半径为 10 ～ 20cm，逐步减小曲线半径，优化比例系数、积分系数和微分系数，并进行手动干扰振荡测试，让机器人能够以最快的速度稳定巡线。

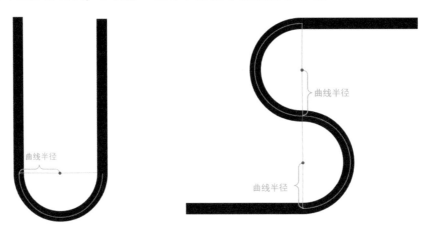

曲线半径

曲线半径

曲线半径

图 5.2.15　U 形曲线和 S 形曲线

（2）选用竞赛机器人，分别在直线、直角曲线、U 形曲线、圆形曲线上进行 PID 巡线，直角曲线的曲线半径为 5 ～ 10cm，U 形曲线的曲线半径为 10 ～ 20cm，圆形曲线的半径为 20 ～ 30cm，优化比例系数、积分系数和微分系数，并进行手动干扰振荡测试，让机器人能够以最快的速度稳定巡线。

5.2.6　PID 双光电巡线

选择双光电巡线机器人，如图 5.2.16 所示，其中 spike 机器人的驱动轮左电机接端口 B，右电机接端口 C，左边光电传感器接端口 E，右边光电传感器接端口 F；EV3 机器人的左驱动轮电机接端口 B，右电机接端口 C，左边光电传感器接端口 2，右边光电传感器接端口 3。

（a）spike　　　　　　　　　　　　（b）EV3

图 5.2.16　双光电巡线机器人

采用 PID 算法也可以控制双光电机器人进行巡线，并且双光电巡线比单光电巡线的性能要好得多。在选择两个光电传感器时，其光值的变化应尽可能相同，或使用程序对两光电传感器进行光值标准化，两光电传感器的中心间距要略大于线的宽度，例如，竞赛场地的黑线宽为 22mm，则两光电传感器的间距一般设置为 1 个乐高单位的距离（8mm），此时两光电传感器的中心间距为 4 个乐高单位（32mm）。

双光电机器人 PID 巡线的偏差可表示为

$$偏差 = 左光电传感反射光值 - 右光电传感器反射光值$$

由此可见，双光电的最大偏差变化范围为 -100 ~ 100，PID 的输出可表示为

$$左电机功率 = 目标功率 + PID$$

$$右电机功率 = 目标功率 - PID$$

则双光电机器人的 PID 巡线程序设计如图 5.2.17 所示，如果是直线段巡线，可以设置积分系数为 0，然后再重新调试参数，提升巡线效果。

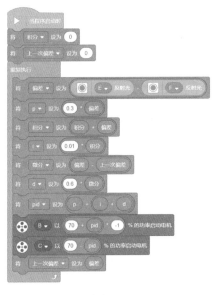

（a）spike

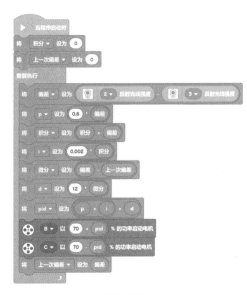

（b）EV3

图 5.2.17　双光电机器人 PID 巡线程序

试一试

（1）选用双光电巡线机器人进行 PD 直线巡线，优化比例系数、积分系数和微分系数，并进行手动干扰振荡测试，让机器人能够以最快的速度稳定巡线。

（2）选用双光电巡线机器人，分别在圆形曲线、直角曲线、U 形曲线、S 形曲线上进行 PID 巡线，优化比例系数、积分系数和微分系数，并进行手动干扰振荡测试，让机器人能够以最快的速度稳定巡线。

5.3 PID 算法优化

学习目标

（1）理解电机制动的 PID 控制方法，通过 PID 调试参数和算法优化实现电机的稳定制动。

（2）掌握各种 PID 算法优化的方法，学会根据不同的控制对象运用正确的 PID 优化方法。

（3）学会运用时间来控制 PID 运算的快慢，理解时间在 PID 算法控制中的作用。

5.3.1 电机制动的 PID 控制

乐高机器人的电机有多种制动方法，其中一种是当电机旋转到设定角度时保持在这个位置不动。在编程时只需要调用相应的编程模块就可以直接实现，如图 5.3.1 所示，而这个电机制动模块的背后则有一种程序算法在控制——PID 算法。

（a）spike   （b）EV3

图 5.3.1 电机制动程序

任务探究

选择一个大型电机，在电机上安装一个轮子，重置电机旋转的角度为 0°，设定电机的目标角度也为 0°，电机需要维持在这个角度不动。当程序启动时，无论电机处在什么位置，都会自动旋转到 0° 的位置并停止不动。

电机的目标角度是 0°，即目标值为 0，则偏差可表示为

$$偏差 = 目标值 - 电机旋转角度$$

PID 的输出可表示为

$$电机功率 = pid$$

在一次程序的循环中，完整的 PID 制动算法可表示为

$$偏差 = 目标值 - 电机旋转角度$$
$$p = 比例系数 \times 偏差$$
$$积分 = 积分 + 偏差$$
$$i = 积分系数 \times 积分$$

$$微分 = 偏差 - 上一次偏差$$

$$d = 微分系数 \times 微分$$

$$上一次偏差 = 偏差$$

$$pid = p + i + d$$

$$电机功率 = pid$$

根据 PID 制动算法设计的电机制动程序如图 5.3.2 所示。设置积分系数为 0，当程序运行时，我们会发现，即使用手旋转电机，电机就像锁住一样，很难离开 0° 位置，当撤去外力时，电机又会很快恢复到 0° 附近的位置，在电机恢复到 0° 的过程中可能会有振荡，通过外力旋转进行测试，并不断调试，可以找出合适的比例系数和微分系数。

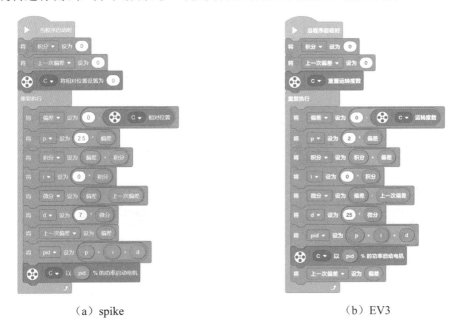

（a）spike　　　　　　　　　　　　　　　　（b）EV3

图 5.3.2　电机制动程序设计

由于程序中的积分系数为 0，电机在非常接近 0° 的过程中，其驱动力非常小，所以电机往往只能旋转到 0° 的附近，尤其在电机带有负载时，电机无法旋转到 0° 位置，这时需要启动积分控制，通过积分运算增大微小偏差下的电机驱动力，从而让电机能够旋转到 0° 位置。

添加积分控制后，电机能够恢复到 0° 位置。但积分的添加引入了三个问题，其一，若外力迅速旋转电机使其角度远离 0°，例如小于 -200°，在电机恢复到 0° 的过程中会产生较大的振荡；其二，若外力迅速旋转电机使其在某个角度位置停留 0.5 ~ 1s，如在 -50° ~ -10° 角度附近停留，当撤去外力后，在电机恢复到 0° 的过程中会产生较大的振荡；其三，电机容易在 0° 附近来回旋转，产生微小的振荡，即使反复调试各个系数，也很难消除。

对于第一种情况，当电机角度小于 -200° 时，在这个过程中产生的偏差很大，积分迅速增大，撤去外力，电机向目标角度旋转，但积分难以迅速降低，导致电机恢复力过大引起振荡。所以较大的振荡是由于积分迅速增长导致的，可以采用积分分离的方法来解决。

试一试

设计程序，使用 PID 算法控制中型电机制动。

5.3.2 积分分离

通常情况下，积分主要是用于小偏差下的控制，积分可以使控制对象的偏差趋于 0。即在偏差较小时，启用积分控制，当偏差超过一定范围时，设置积分系数为 0，去掉积分的作用，这种积分控制的方法叫作积分分离。

在电机制动的 PID 程序中，可以设置偏差在 -50 ~ 50 时启用积分，超过这个范围时，令积分为 0，积分系数也为 0，去掉积分作用（或令积分项的输出 i 为 0）。添加积分分离，则电机 PID 制动程序如图 5.3.3 所示。

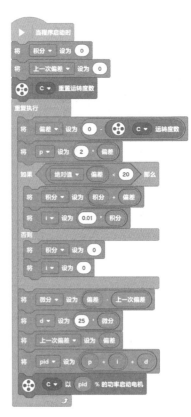

（a）spike （b）EV3

图 5.3.3　积分分离的 PID 制动程序

积分分离还可以进一步改进，可根据不同的偏差，采用不同的积分项的开关系数，例如，

（1）当偏差的绝对值满足：| 偏差 |＞50，则积分和积分系数都设置为 0。

（2）当偏差的绝对值满足：50 ≥ | 偏差 | ≥ 30，则积分项的开关系数设置为 0.33，i 可表示为

$$i=\text{开关系数} \times \text{积分系数} \times \text{积分}$$

（3）当偏差的绝对值满足：$30 \geqslant |\text{偏差}| \geqslant 10$，则积分项的开关系数设置为 0.66。

（4）当偏差的绝对值满足：$10 > |\text{偏差}|$，则积分项的开关系数设置为 1。

试一试

（1）另选一种电机，设计程序，采用 PID 算法让电机制动。

（2）采用分段积分的方法来控制电机制动。

5.3.3　变速积分

在 PID 算法的控制中，当偏差较大时，应减弱或消除积分的作用，而在偏差较小时，应逐渐加大积分的作用。积分系数设置大了会引起巡线振荡，积分系数设置小了，则可能会迟迟不能消除偏差。因此，较好的解决方法是根据偏差大小改变积分的快慢，即偏差越大，积分越慢，偏差越小，积分越快，这就是变速积分，变速积分要优于积分分离。

在变速积分的控制中，偏差在进行积分运算前，先对偏差乘以一个偏差系数，偏差系数不是定值，是一个随偏差变化的数，则积分可表示为

$$\text{积分} = \text{过去的积分总和} + \text{偏差系数} \times \text{偏差}$$

设 A 和 B 为常数，且 B 大于 A，则偏差系数可表示如下。

（1）如果偏差的绝对值满足：$|\text{偏差}| < A$（设 $A=10$），则令偏差系数为 1。

（2）如果偏差的绝对值满足：$|\text{偏差}| > B$（设 $B=50$），则令偏差系数为 0，积分为 0，积分项 i 为 0（或积分系数为 0）。

（3）如果偏差的绝对值满足：$A \leqslant |\text{偏差}| \leqslant B$，令

$$\text{偏差系数} = \frac{B - |\text{偏差}|}{B - A}$$

若以 spike 机器人为例，则偏差系数可表示如下。

（1）当 $|\text{偏差}| < 10$ 时，令偏差系数为 1。

（2）当 $|\text{偏差}| > 50$ 时，令偏差系数为 0，积分为 0，积分项 i 为 0（或积分系数为 0）。

（3）当 $10 \leqslant |\text{偏差}| \leqslant 50$ 时，令偏差系数为

$$\text{偏差系数} = \frac{50 - |\text{偏差}|}{50 - 10}$$

$$\text{偏差系数} = \frac{50 - |\text{偏差}|}{40}$$

则变速积分的 PID 制动程序如图 5.3.4 所示。

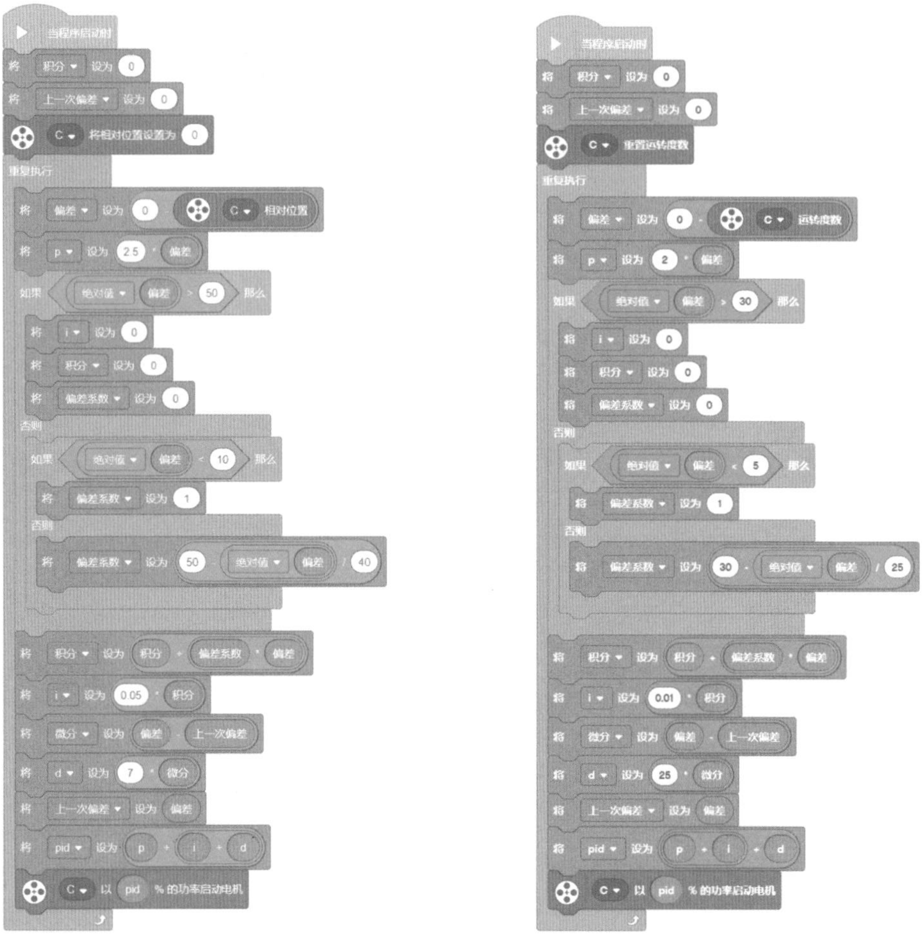

（a）spike　　　　　　　　　　（b）EV3

图 5.3.4　变速积分的 PID 制动程序

5.3.4　限制积分的无限增长

在积分分离的 PID 制动控制中，采用外力迅速旋转电机使其角度在 $-50°\sim-10°$ 并停留 $0.5\sim1s$，撤去外力，在电机恢复到 $0°$ 的过程中还会产生较大的振荡。

电机在 $-50°\sim-10°$ 并停留 $0.5\sim1s$ 的过程中，角度在积分的控制范围，偏差一直为正值，$0.5\sim1s$ 的停留会让积分迅速增长，撤去外力，在电机恢复的过程中，积分难以迅速降低，导致电机恢复力过大引起振荡。所以这里的较大振荡是由于偏差长时间停留导致的积分增长，为此需要采用一种方法限制积分的无限增长。

设置积分系数或积分项的输出 i 只能影响 pid 的输出，而积分仍在计算，为了限制积分的增长，可以对积分运算进一步优化。pid 的输出值是直接赋值给电机功率的，电机的功率控制范围为 $-100\sim100$，pid 输出值超过这个范围，则无控制意义，所以设定 pid 输出值

在 -100 ～ 100 内时，进行正常的积分运算，超过这个范围，就需要限制积分的增长，其方法为：比较当前偏差值与上一次 pid 输出值，若上一次 pid 输出值大于 100 且当前偏差小于 0，或上一次 pid 输出值小于 -100 且当前偏差大于 0，或上一次 pid 输出值在 -100 ～ 100 内时，则进行积分运算。其他情况将不进行积分运算，并设置积分和积分系数为 0。

结合积分分离，限制积分无限增长的 PID 制动程序如图 5.3.5 所示。

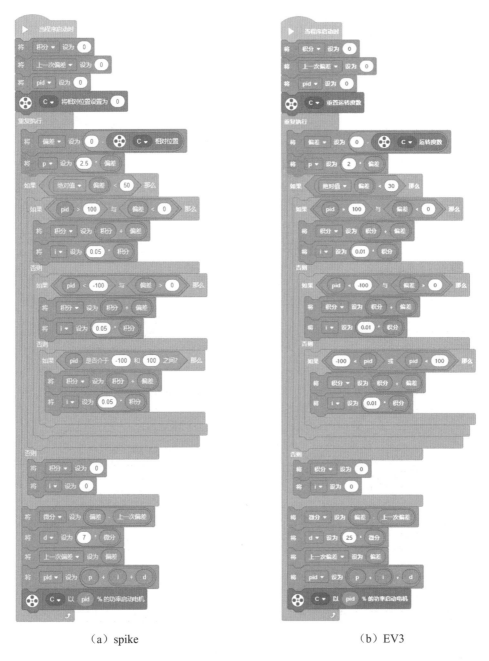

（a）spike　　　　　　　　　　　　（b）EV3

图 5.3.5　限制积分的无限增长的 PID 制动程序

试一试

（1）改变电机的负载，如将电机上的一个小轮子换成一个或两个大轮子，调试程序参数，让电机稳定制动。

（2）另选一个电机，采用限制积分无限增长的 PID 制动方法设计程序，让电机制动。

5.3.5 PID 限幅

在 PID 的控制中，为了避免 pid 输出值过大，还可以使用 PID 限幅的方法。例如，在 PID 制动的控制中，考虑到乐高电机的功率范围为 -100 ～ 100，即使给电机功率输入范围以外的值，电机也只会以 100 或 -100 的功率旋转，所以可以设置 pid 输出范围为 -100 ～ 100。当 pid 输出值大于 100 时，令 pid 输出值为 100；当 pid 输出值小于 -100 时，令 pid 输出值为 -100，直到 pid 输出的结果回到 -100 ～ 100 范围之内时，进行正常的 PID 控制。

如果现在希望电机以小于或等于 60 的功率恢复到 0° 位置，运用 PID 限幅就可以实现，其程序设计示例如图 5.3.6 所示，采用 PID 限幅的方法可以很好地控制 PID 的输出，但不能起到控制积分的作用。

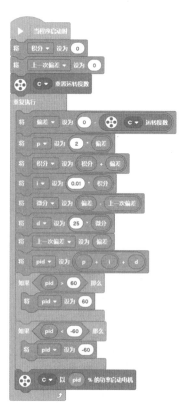

（a）spike   （b）EV3

图 5.3.6　PID 限幅的电机制动程序

试一试

添加 PID 限幅、限制积分无限增长、积分分离等方法设计 PID 电机制动程序。

5.3.6　消除微小振荡

在电机的 PID 制动控制中，受电机性能的限制，电机容易在 0° 附近多次来回旋转，产生微小的振荡，即使反复调试各个系数，也很难消除。因此可以在 0° 附近取消积分作用，以此来消除 0° 附近的振荡。采用这个方法会引入误差，但这个误差是可控的。

例如，设置偏差在 -2 ～ 2 的范围内取消积分控制，令积分为 0，积分项 i 也为 0，则电机的制动误差为 ±2，程序设计示例如图 5.3.7 所示，若设置偏差在 -3 ～ 3 的范围内取消积分控制，则电机的制动误差为 ±3。

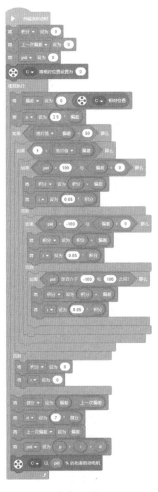

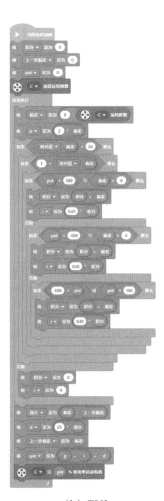

(a) spike　　　　　　　　　　(b) EV3

图 5.3.7　消除微小振荡的 PID 电机制动程序

试一试

（1）设计程序，采用 PID 限幅的方法，让电机功率以小于或等于 60 进行稳定制动，控制电机制动误差为 ±1。

（2）综合各种 PID 优化方法，设计 PID 电机制动程序，调试各个参数，提高电机制动的稳定性。

5.3.7　PID 的时间控制

在 PID 算法的控制中，微分反映了偏差变化的快慢，即偏差在程序单次循环时间内的变化量，所以微分的控制受到程序单次循环时间的影响，微分项的运算可表示为

$$d = \frac{系数}{单次循环时间} \times (偏差 - 上一次偏差)$$

其中"$\frac{系数}{单次循环时间}$"指的是微分系数，从上式可以看出，在同一个机器人巡线过程中，若程序单次循环时间越短，（偏差 - 上一次偏差）的值就越小，则微分系数就需要增大。

PID 的程序循环时间不是越长越好，也不是越短越好。单次循环时间过长，微分计算的结果就不能实时准确地反映偏差变化的快慢；若单次循环时间过短，会导致当前偏差与上一次偏差的变化不明显，加上传感器采样率的影响，更不能准确反映偏差变化的快慢，受乐高机器人主控制器运算速度的限制，单次循环时间过短的情况一般不会出现。

积分也是一个与时间有关的量。PID 程序的单次循环时间越短，则产生偏差值的数量就越多，积分增长得就越快。显然，在 PID 算法中不希望有这样的现象出现。在一次的程序循环中，积分项 i 可表示为

$$i = (系数 \times 单次循环时间) \times 积分$$

其中，"系数 × 单次循环时间"就是积分系数，可表示为

$$积分系数 = 系数 \times 单次循环时间$$

有了时间控制，若 PID 程序的单次循环时间越短，则相同时间内产生偏差的数量就越多，积分就越大，但通过积分乘以单次循环时间可稳定积分项 i 的输出，所以当 PID 程序的单次循环时间发生变化时，积分系数也要变化，由积分系数与时间的关系可知，单次循环时间越短，积分系数需要设置得越小；反之，积分系数越大。例如，在 PID 程序的循环中添加更多的程序模块，此时单次循环时间就会延长，积分系数和微分系数就需要重新调整。

为了控制 PID 程序循环的快慢，可以添加时间控制，则时间控制的 PID 电机制动程序如图 5.3.8 所示。

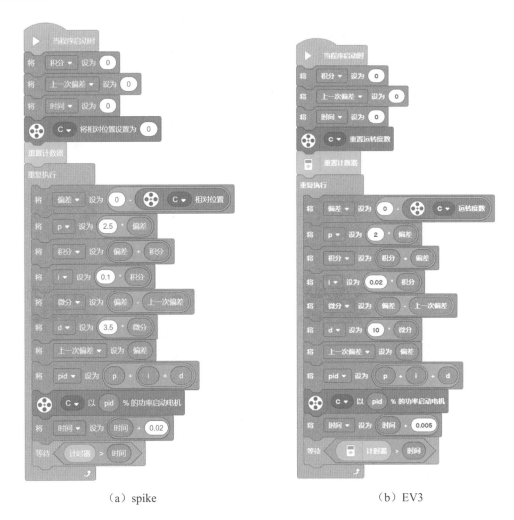

（a）spike　　　　　　　　　　　　　（b）EV3

图 5.3.8　时间控制的 PID 电机制动程序

添加时间控制以后，积分系数和微分系数可通过以上两个关于时间的关系式和参数调试获得，在程序中，参数 0.02 表示单次循环的时间 0.02s，若将参数 0.02 更改为 0.01，即单次循环时间为 0.01s，根据以上两个关系式计算可知，积分系数需由原来的 0.1 改为 0.05，微分系数需由原来的 3.5 改为 7。经测试，在未添加时间控制时，spike 程序单次循环时间小于但接近 0.01s。

试一试

（1）设计并优化 PID 电机制动程序，添加时间来控制 PID 循环的快慢，探究 PID 参数与 PID 单次循环时间的变化规律。

（2）设计程序，实现对单光电机器人巡线的 PID 时间控制，并调试出程序在不同单次循序时间下 PID 巡线的参数，寻找 PID 参数随单次循环时间变化的规律。

5.4　PID 巡线算法优化

学习目标

（1）知道 PID 巡线的特点，理解 PID 巡线与 PID 电机制动的不同。

（2）理解积分遗忘、积分限幅和变速巡线的原理，学会运用这些算法设计 PID 巡线程序。

5.4.1　PID 巡线的特点

机器人巡线不同于电机制动的控制，其一，巡线偏差的变化范围是有限的，例如单光电巡线的偏差变化范围在 −50 ～ 50 以内，而电机制动的偏差范围是无限的；其二，巡线属于动平衡控制，通过 PID 算法控制机器人在巡线移动的过程中保持稳定，其偏差非常容易发生改变，引起巡线振荡；而电机制动属于静平衡的控制，通过 PID 算法控制电机保持在某个位置不动，只有当偏差非常接近目标位置时才会引起微小的振荡。其三，巡线只需要机器人能够沿着（黑）线边界巡线，不会飞离（黑）线，且巡线中几乎无振荡即可，并不需要偏差一定为 0，而电机制动控制需要接近目标位置，使偏差尽可能趋于 0。

PID 巡线控制最关注的是机器人的巡线速度、巡线的稳定性以及机器人对不同线形的适应能力。

机器人在从曲线进入直线巡线的过程中，由于曲线段巡线的积分较大，当机器人突然进入直线段时，较大的积分会引起巡线的振荡，甚至让机器人飞离黑线。所以机器人巡线需要限制积分的增长。本节选用单光电巡线机器人进行巡线测试，如图 5.4.1 所示，其中 spike 机器人的驱动轮左电机接端口 B，右电机接端口 C，光电传感器接端口 D；EV3 机器人的驱动轮左电机接端口 B，右电机接端口 C，光电传感器接端口 1。

（a）spike　　　　　　　　　　　（b）EV3

图 5.4.1　单光电巡线机器人

5.4.2　积分遗忘

机器人在圆形曲线的巡线过程中，需要添加积分控制，还需要限制积分的无限增长，可以采用积分遗忘的方法，即在当前积分计算中，先对过去的总积分乘以一个大于 0 且小于 1 的系数，这个系数称之为遗忘系数，在一次程序的循环中，其积分运算可表示为

$$积分 = 遗忘系数 \times 积分 + 偏差$$

其中，遗忘系数的取值范围为（0，1）。

遗忘系数通常更接近于 1，遗忘系数可以起到不断减小积分的作用，相当于逐渐遗忘过去的积分，从而起到限制积分增长的作用。添加积分遗忘的 PID 巡线程序设计示例如图 5.4.2 所示，程序中的参数 0.96 即为遗忘系数。

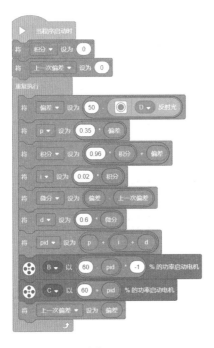

（a）spike　　　　　　　　　　　　　　（b）EV3

图 5.4.2　添加积分遗忘的 PID 左巡线

在积分中添加遗忘系数后，积分的最大值与遗忘系数、偏差最大值有关，其关系式可表示为

$$积分最大值 = \frac{偏差最大值}{1 - 遗忘系数}$$

从上面的关系式可以看出，偏差最大值越大，遗忘系数的取值越大（0＜遗忘系数＜1），则积分的最大值也越大，关系式的推导参见 5.4.3 节。

积分遗忘系数的添加限制了积分的增长，但也降低了微小偏差下积分增长的速度，同时削弱了积分快速消除偏差的能力，失去了积分控制的灵活性，所以积分遗忘的方法不适

用于变速巡线、电机制动、机器人直行和自平衡机器人等。

5.4.3 拓展阅读：积分最大值

在添加积分遗忘的 PID 单光电巡线中，假设每次程序循环中的偏差 E 都达到最大值 50，取第一次的积分 $I_1 = E = 50$。积分的遗忘系数为 K，其中 $0 < K < 1$。I_n 为第 n 次累加计算的积分值，则有

$$积分 = 遗忘系数 \times 上一次积分 + 偏差$$

$$I_n = K \cdot I_{n-1} + E$$

$$I_{n+1} = K \cdot I_n + E$$

以上两式相减可得

$$I_{n+1} - I_n = K \cdot (I_n - I_{n-1})$$

其中，$(I_n - I_{n-1})$ 为等比数列，对其进行求和，可得

$$(I_2 - I_1) + (I_3 - I_2) + \cdots + (I_n - I_{n-1}) = \frac{(I_2 - I_1)(1 - K^n)}{1 - K}$$

$I_1 = E = 50$，则 $I_2 - I_1 = K \cdot I_1 = E \cdot K$，上式的左边化简可得

$$I_n - I_1 = \frac{K \cdot E \cdot (1 - K^n)}{1 - K}$$

因为 $0 < K < 1$，则当 $n \to \infty$ 时，$K^n \to 0$，则有

$$I_{最大值} - I_1 = \frac{K \cdot E}{1 - K}$$

$$I_{最大值} = E + \frac{K \cdot E}{1 - K} = \frac{E}{1 - K}$$

$$I_{最大值} = \frac{E}{1 - K}$$

用文字可表示为

$$积分最大值 = \frac{偏差最大值}{1 - 遗忘系数}$$

将 $E = 50$ 带入上式，则有

$$I_{最大值} = \frac{50}{1 - K}$$

若取 $K=0.9$，当 $n \to \infty$ 时，积分达到最大值，则有

$$I_{最大值} - \frac{50}{1 - 0.9} = 500$$

即在机器人巡线过程中，若添加积分遗忘系数为 0.9，则积分增长的上限为 500，起到

了限制积分的作用。

试一试

　　采用积分遗忘的程序设计方法，选择其他的单光电机器和双光电机器人进行各种线形的巡线。

5.4.4　积分限幅

　　限制积分的增长还可以通过直接控制积分的方法来实现，即设定积分增长的上限和下限，例如，以积分范围 −1000 ～ 1000 为例，则积分限幅可归纳为

　　（1）如果积分大于 1000，则令积分为 1000。

　　（2）如果积分小于 −1000，则令积分为 −1000。

　　（3）在其他情况下，进行正常的积分运算。

　　若单光电机器人在 U 形曲线上巡线，其曲线段的曲线半径为 13 ～ 15cm，机器人进入曲线巡线，积分会增大，通过多次测试，设定积分的上限值和下限值，保证机器人能够顺利巡线，其程序设计示例如图 5.4.3 所示。

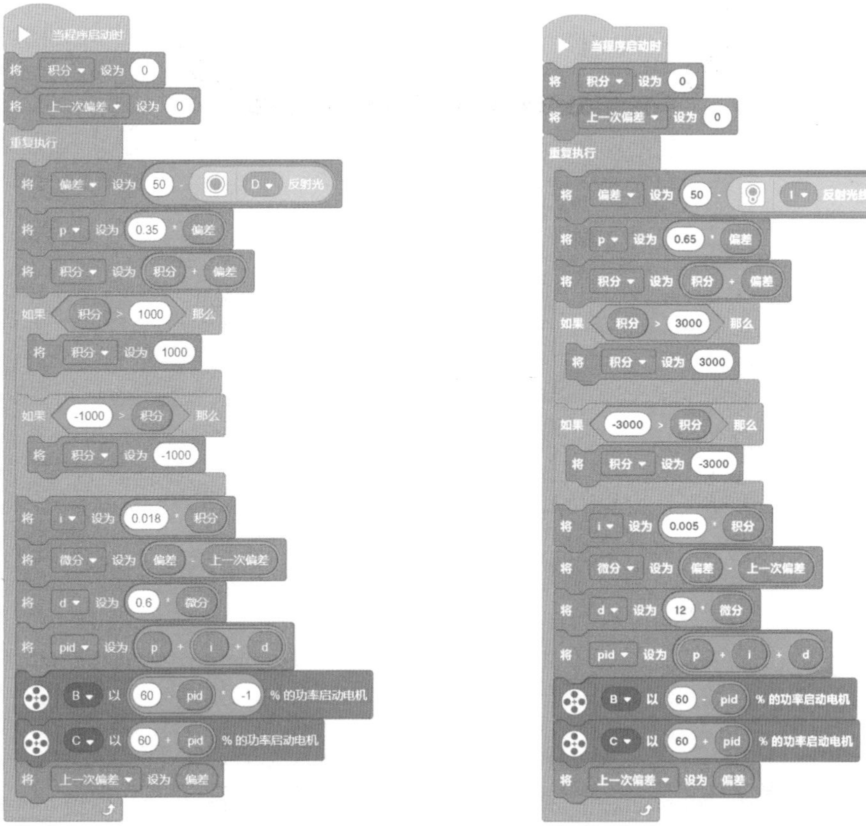

（a）spike

（b）EV3

图 5.4.3　积分限幅的单光电 PID 巡线程序

积分限幅的范围取决于机器人在曲线段或其他特殊线形中的巡线效果，易小不宜大，但要保证机器人能够在曲线段稳定巡线。若积分限幅的范围过小，则积分运算起不了作用，若积分限幅的范围过大，则达不到预想的积分限幅的效果。

试一试

采用积分限幅的程序设计方法，选用其他的单光电机器人和双光电机器人进行各种线形的巡线。

5.4.5 变速 PID 巡线

机器人在直线段巡线的积分较小，而在曲线段巡线的积分较大；机器人在直线段巡线可以快一点，而在曲线段则需要以低一点的速度巡线。所以机器人可以根据积分的变化控制巡线的速度。以单光电机器人在"O"形曲线上的巡线为例，如图 5.4.4 所示，其中上下边为直线段，左右边为半圆形曲线段，半圆形曲线的半径为 13 ～ 15cm，机器人采用 PID 巡线。

曲线半径

图 5.4.4 "O"形曲线

在"O"形曲线的巡线过程中，直线段的积分小，曲线段的积分大。通过多次测试，当积分在 -300 ～ 300 时，可认为机器人进入直线段巡线，设定机器人的目标功率为 70，进行快速巡线；当积分在 -300 ～ 300 的范围以外时，可认为机器人进入曲线段巡线，设定机器人的目标功率为 50，进行低速巡线；则变速 PID 巡线的算法可归纳为

（1）如果 -300 ≤ 积分 ≤ 300，为直线段巡线，则机器人的目标功率为 70。

（2）如果积分 < -300 或积分 > 300，为曲线巡线，则机器人的目标功率为 50。

变速巡线可以提高机器人整体巡线的效率和稳定性，添加积分限幅后变速巡线的程序设计示例如图 5.4.5 所示。

变速 PID 巡线还可以进一步优化，可根据积分控制目标功率的连续变化，让巡线速度的变化更流畅。

试一试

（1）优化变速 PID 巡线，设计程序，当机器人进入曲线段巡线时，可根据积分控制目标功率的连续变化，让巡线速度的变化更平稳。

（2）采用变速积分的程序设计方法，选用其他的单光电机器人和双光电机器人进行各种线形的巡线。

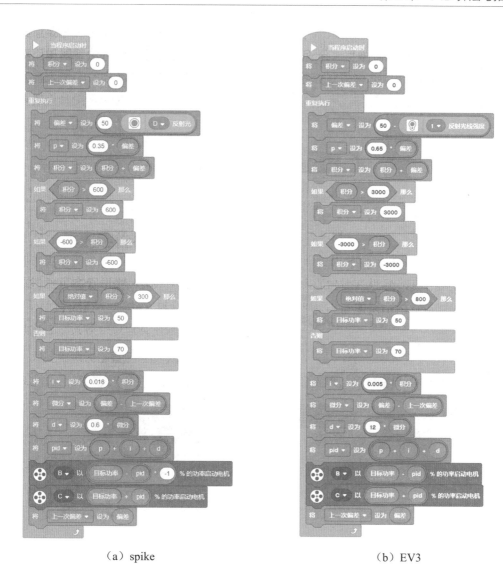

（a）spike　　　　　　　　　　（b）EV3

图 5.4.5　变速 PID 巡线程序

5.5　PID 算法应用拓展

学习目标

（1）学会运用角度传感器和陀螺仪传感器，设计程序实现机器人的精准转向与直行。

（2）深度理解 PID 算法，学会运用 PID 算法控制电机的匀速旋转。

在机器人的控制中，有很多地方需要用到 PID 算法，若某个控制对象需要追随一个目标，直至接近这个目标，以维持系统的平衡和稳定，则此时可以运用 PID 算法。例如，单光电巡线机器人的追随目标是黑线边界上的反射光值，通过 PID 算法可以控制机器人接近这个目标，实现机器人的稳定巡线。下面将给出更多的目标，运用 PID 算法实现对机器人各种运动的控制。

本节选用 FLL 竞赛机器人进行程序设计，机器人设计如图 5.5.1 所示，其中以两个光电传感器所在的位置为机器人的前方，spike 机器人左驱动轮的大型电机接端口 B，右驱动轮电机接端口 C，左边的中型电机接端口 A，右边的中型电机接端口 D，左边的光电传感器接端口 E，右边的光电传感器接端口 F；EV3 机器人左驱动轮的大型电机接端口 B，右驱动轮电机接端口 C，左边的中型电机接端口 A，右边的中型电机接端口 D，左边的光电传感器接端口 2，右边的光电传感器接端口 3，陀螺仪传感器接端口 1，后方的光电传感器接端口 4。

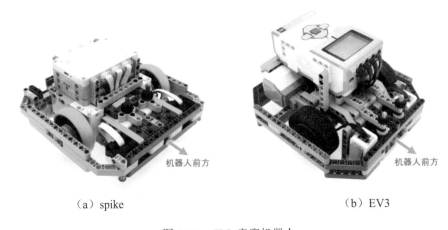

（a）spike   （b）EV3

图 5.5.1　FLL 竞赛机器人

5.5.1　机器人精准转向

1. 角度传感器控制精准转向

使用电机制动的 PID 算法程序可实现电机精准旋转至目标角度，例如，让机器人的右电机从 $0°$ 旋转至 $360°$ 实现精准左转向，只需要将目标角度设置为 $360°$，其程序设计示例如图 5.5.2 所示。

在程序控制机器人转向的过程中，由于电机不会出现在某一位置长时间停留的现象，所以采用积分分离来控制积分，通过 pid 限幅来控制电机旋转的最大功率在 $-60 \sim 60$。退出 PID 循环的条件设为 $-2° <$ 偏差 $< 2°$，由于电机的角度传感器测量的旋转角度值为整数，则程序控制电机旋转的角度误差为 $\pm 1°$。

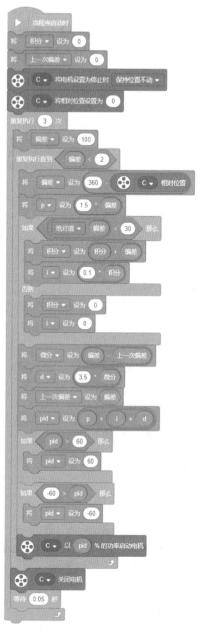

（a）spike

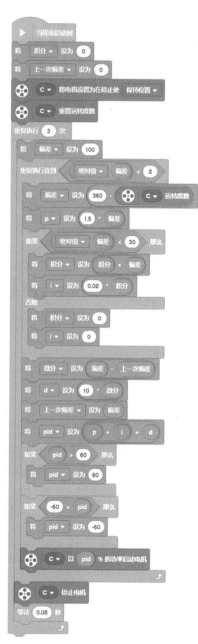

（b）EV3

图 5.5.2　右电机精准转向的程序

区别于电机制动的 PID 控制，在机器人精准转向控制中，选用的是大型电机，电机负载较大，机器人的惯性也大，所以，当电机临近目标角度时，需要延长电机减速的时间，提高减速过程的稳定性，方法是适当减小比例系数，但比例系数的减小会降低微小偏差下的电机功率，因此可以通过适当增大积分系数来补偿。这个方法也适用于陀螺仪传感器辅助下的精准转向控制。

2. 陀螺仪传感器控制精准转向

机器人在运动过程中，受测量精度的限制和轮子打滑的影响，使用角度传感器控制电机让机器人转向时仍会引入误差，为了进一步提高机器人转向的精度和运动的稳定性，可以采用陀螺仪传感器控制机器人转向。

陀螺仪传感器控制转向比角度传感器控制转向更精准，控制精度不受轮子打滑的影响，而且程序的数据调试也更容易。采用 PID 算法控制，重置陀螺仪传感器的偏航角为 0°，若目标偏航角设为 -90°，即机器人进行左转向 90°，则偏差可表示为

偏差 = 目标值 - 陀螺仪传感器偏航角

偏差 =（-90°）- 陀螺仪传感器偏航角

通过控制机器人右电机的旋转来实现左转向，则 PID 的输出可表示为

右电机功率 = -pid

陀螺仪传感器控制机器人转向的 PID 程序可采用积分分离和 PID 限幅的方法进行优化，让右电机功率在 -50 ～ 50，则机器人精准转向的程序设计如图 5.5.3 所示，由于 EV3 陀螺仪传感器不稳定，所以 EV3 机器人不易采用陀螺仪传感器控制精准转向。

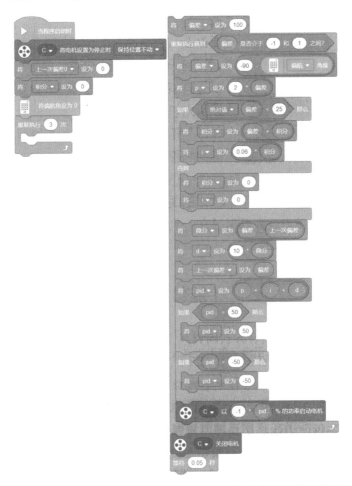

图 5.5.3　陀螺仪传感器辅助的 PID 精准转向（右侧程序在左侧程序循环的内部）

在 PID 精准转向的程序中，右侧循环退出的条件为 $-1° \leqslant 偏差 \leqslant 1°$，即机器人转向误差为 $\pm1°$。左侧程序的循环模块设置循环次数为 3 次，用于减小偏差。

机器人的精准转向程序设计还可以选用电机速度模块进行控制，电机速度模块自带功率补偿功能，相当于添加了积分，使用电机速度模块进行精准转向程序设计更简单，其程序设计如图 5.5.4 所示，本程序与图 5.5.3 的程序功能和控制精度相同。

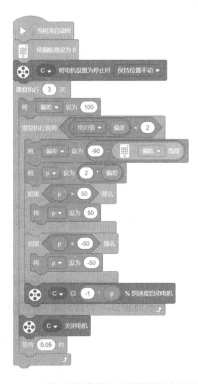

图 5.5.4　电机速度模块控制精准转向的程序

试一试

（1）使用 PID 算法设计程序，分别使用角度传感器和陀螺仪传感器，控制左电机让机器人向右后方转向，实现机器人逆时针转向 90°。

（2）使用 PID 算法设计程序，分别使用角度传感器和陀螺仪传感器控制机器人原地顺时针转向 180°。

5.5.2　机器人精准直行

由于电机差异、场地摩擦等因素，轮式机器人很难走直线。但在传感器和 PID 算法的帮助下，机器人可以实现精准的直线运动。

1. 角度传感器控制精准直行

使用机器人左右驱动轮电机的角度传感器，机器人在移动过程中，通过 PID 算法控制

左右电机旋转角度相同，即在任意时刻，保持左右电机旋转角度的差值为 0，则偏差可表示为

$$偏差 = 左电机旋转角度 - 右电机旋转角度$$

PID 的输出可表示为

$$左电机功率 = 目标功率 -pid$$
$$右电机功率 = 目标功率 +pid$$

在 PID 算法中添加积分分离进行优化，经测试，机器人在直行中的偏差非常小，可设定当偏差在 $-6° \sim 6°$ 时，启动积分控制，否则设置积分为 0、积分项 i 也为 0（或积分系数为 0），则机器人精准直行的程序设计如图 5.5.5 所示。

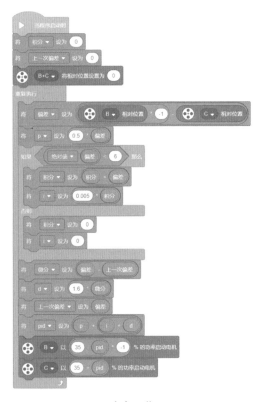

（a）spike

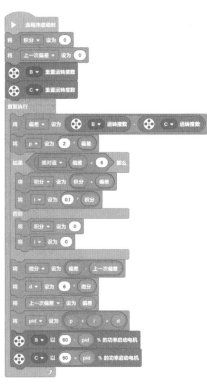

（b）EV3

图 5.5.5　角度传感器控制机器人精准直行的程序

2. 陀螺仪传感器控制精准直行

陀螺仪传感器可以让机器人获得很好的方向感，使移动的机器人能够时刻判断运动方向是否发生偏移。假设机器人行进方向的偏航角为 $0°$，其偏差可表示为

$$偏差 = 目标值 - 陀螺仪传感器偏航角$$
$$偏差 =0- 陀螺仪传感器偏航角$$

PID 的输出可表示为

左电机的功率 = 目标功率 +pid

右电机的功率 = 目标功率 -pid

　　机器人精准直行可以直接使用 PID 算法，为了提高控制的稳定性，可以增加积分分离、PID 限幅、积分限幅等方法进行优化，经测试得知，机器人直线移动过程中产生的偏差非常小，一般为 -5°～ 5°，这里采用积分分离的 PID 算法设计，机器人以目标功率 50 沿偏航角 0° 的方向直行，其程序设计示例如图 5.5.6 所示，由于 EV3 陀螺仪传感器不稳定，所以 EV3 机器人不宜采用陀螺仪传感器控制机器人精准直行。

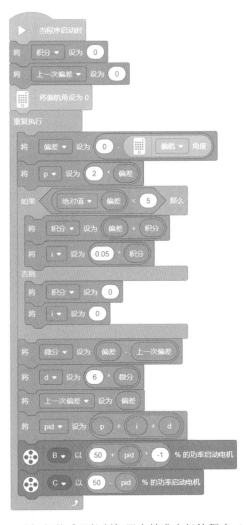

图 5.5.6　陀螺仪传感器控制机器人精准直行的程序（spike）

试一试

　　（1）运用 PID 算法设计程序，让机器人以更大的功率精准直行。

　　（2）选用陀螺仪传感器控制机器人精准直行，结合电机旋转角度的精准控制，设计程序，让机器人以精准直行的方式实现精准移动指定距离。

5.5.3 机器人匀速运动

选择一个大型电机(或中性电机),若电机直接采用功率控制,当旋转的电机遇到阻力时,如遇到障碍或上坡,其转速会下降,为了保证电机能够正常旋转,即使旋转的电机遇到阻力,也能通过功率补偿来维持电机的匀速旋转,这就需要采用 PID 算法来控制电机旋转的速度,例如,让电机旋转速度维持在目标速度 20,其偏差可表示为

$$偏差 = 目标值 - 电机旋转速度$$
$$偏差 = 20 - 电机旋转速度$$

PID 的输出可表示为

$$电机功率 = pid$$

在 PID 算法的匀速控制中,积分运算可以对电机的功率进行补偿,在电机遇到阻力时,通过积分进行功率补偿,采用积分分离,电机匀速旋转的 PID 程序设计如图 5.5.7 所示,为了便于 PID 参数的调试,可将目标速度设置为 5 ~ 20,通过多次调试,找到理想的 PID 参数。

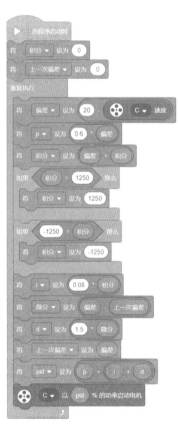

(a) spike

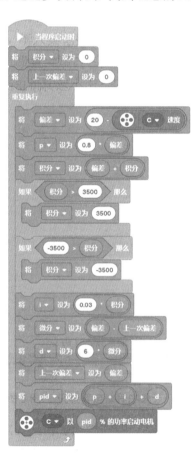

(b) EV3

图 5.5.7　电机匀速旋转的 PID 程序

在机器人的编程模块里有一个速度模块，如图 5.5.8 所示，它可以让电机按设定的速度旋转，当旋转的电机遇到阻力时，程序会自动控制进行功率补偿，尽可能让电机的旋转速度不变。而这个速度模块背后的程序采用的就是 PID 算法。

图 5.5.8　速度模块

机器人在水平面上匀速行驶很容易，直接给电机恒定的功率就可以。但若是高低起伏的路面，机器人在恒定功率的控制下，上坡时会减速，下坡时又会加速，所以对于高低起伏的路面需要使用 PID 算法来让机器人做匀速运动。

匀速行驶的本质是让机器人的左右驱动轮电机维持在恒定的转速下旋转，通过计算各电机的实际转速与目标值的偏差来控制电机的功率。

采用 PID 算法控制实现机器人的匀速运动，程序设计如图 5.5.9 和图 5.5.10 所示，由于程序模块增多，单次循环时间增大，所以微分系数需要适当降低。

有的汽车有定速巡航功能，按下定速巡航的按钮，松开油门，汽车就会以当前速度自动匀速行驶了，这就是汽车匀速行驶的控制，也是无人驾驶中一项控制技术，这其中也运用了 PID 算法的控制。

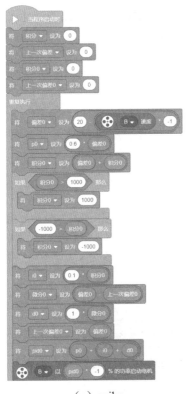

（a）spike

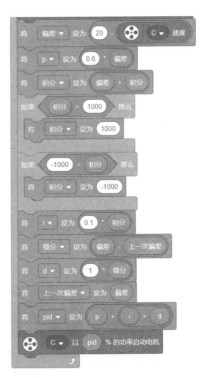

（b）EV3

图 5.5.9　机器人匀速行驶的程序

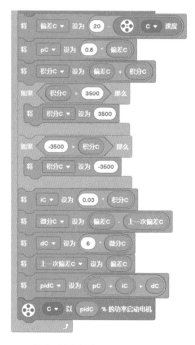

图 5.5.10　机器人匀速行驶的程序（EV3：从左到右运行）

试一试

采用 PID 算法控制机器人匀速运动，当机器人接近终点时实现精准制动，即让机器人匀速行驶指定距离。

5.6　自平衡机器人

学习目标 ✎

（1）认识自平衡机器人，理解 PID 算法在自平衡机器人中的应用。

（2）掌握自平衡机器人的设计，学会调试 PID 参数，让自平衡机器人直立。

（3）学会优化和改进自平衡机器人的 PID 算法，实现自平衡机器人的前行、转弯和静止，并提高机器人平衡的稳定性。

5.6.1 自平衡机器人设计

平衡车又叫自平衡机器人，它能够实行两轮直立行走，如图 5.6.1 所示。自平衡机器人主要利用陀螺仪传感器控制电机的运动，在程序算法的辅助下实现机器人的直立和行走。

EV3 的编程软件自带一个自平衡机器人设计示例，如图 5.6.2 所示，在 EV3 软件中配有相关的搭建图和程序，但程序理解比较困难，主要是因为 EV3 的陀螺仪传感器不稳定，需要算法对陀螺仪传感器的数据进行处理，然后才能使用。

图 5.6.1 平衡车

图 5.6.2 EV3 自平衡机器人

为了便于理解，本节选用 spike 和 EV3 分别设计一个自平衡机器人，如图 5.6.3 所示，其中 EV3 自平衡机器人采用光电传感器来辅助直立，搭建方法如图 5.6.4 和图 5.6.5 所示。

（a）spike

（b）EV3

图 5.6.3 自平衡机器人

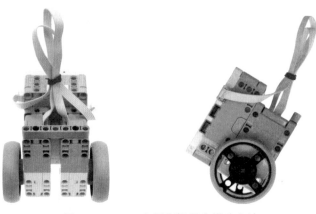

图 5.6.4　spike 自平衡机器人搭建方法

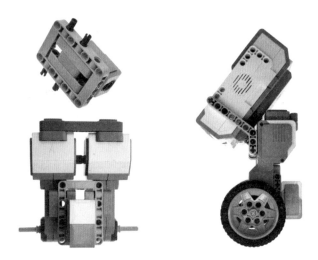

图 5.6.5　EV3 自平衡机器人搭建方法

以机器人的主控制器朝向为正方向，spike 自平衡机器人的左电机接 B 端口，右电机接 C 端口；EV3 自平衡机器人的左电机接 B 端口，右电机接 C 端口，光电传感器接 1 端口。

5.6.2　自平衡机器人直立

开启自平衡机器人的主控制器，在水平面上手动直立机器人处于平衡状态，其中 EV3 自平衡机器人需放置在纯白色平面上，读取此时陀螺传感器的俯仰角度值（EV3 读取光电传感器反射光值），并将这个数值作为自平衡机器人的目标值。

自平衡机器人的直立采用的是基础 PID 算法，运用陀螺仪传感器或光电传感器可以测量自平衡机器人前后倾斜的程度，其偏差可表示为

$$偏差_{spike} = 目标值 - 陀螺仪传感器俯仰角$$

$$偏差_{EV3} = 目标值 - 光电传感器反射光值$$

PID 的输出可表示为

spike：左电机 B 的功率 =pid　　右电机 C 的功率 =pid

EV3：左电机 C 的功率 =-pid　　右电机 B 的功率 =-pid

自平衡机器人在 PID 算法的控制下，其偏差一般都很小，可以采用 PID 限幅、积分分离、限制积分增长等方法来优化程序。这里采用基础 PID 算法控制自平衡机器人的直立，其程序设计如图 5.6.6 所示。

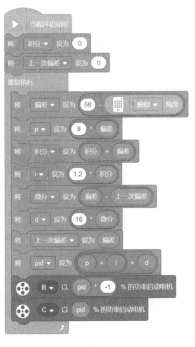

（a）spike

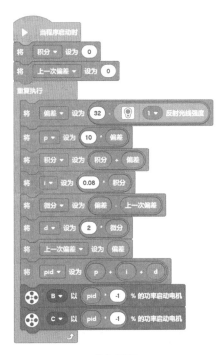

（b）EV3

图 5.6.6　自平衡机器人直立的程序

自平衡机器人的调试与 PID 巡线机器人的调试略有不同，其具体的调试步骤如下。

（1）在自平衡机器人的调试中，先将自平衡机器人设计好并开机，在水平面上手动直立找到机器人的平衡位置，并记录此时陀螺仪传感器的俯仰角或光电传感器的反射光值，将这个数值记为目标值。

（2）设置积分系数和微分系数都为 0，用手使机器人直立，只启动比例算法控制机器人的平衡，比例系数从 0 开始逐渐增大，每次增加 0.1 或更大，手离开机器人，直到机器人能够基本做到直立，且尽可能减小机器人的振荡，记下较佳的比例系数。

（3）没有积分控制，自平衡机器人是无法直立的，因为只要存在一点点的偏差，自平衡机器人都无法直立，而积分的作用是正是消除微小偏差。开启比例和积分控制，微分系数设置为 0，积分系数从 0 开始增大，每次增加 0.01 或更大，直到机器人在平衡位置处能够基本保持直立，记下较佳的积分系数。

（4）微分算法可根据机器人倾斜的快慢控制机器人的平衡，用来减弱由比例控制、积分控制以及外部干扰引起的振荡。在原有的比例系数和积分系数的基础上，添加微分运算，微分系数从 0 开始逐渐增大，每次增加 0.1 或更大，直到机器人能够完全自主直立且几乎不振荡。

到此，自平衡机器人的设计已经基本完成，但以上操作只能够让机器人在平衡位置保持良好的直立状态，若用手稍微推一下，机器人可能还会引起剧烈的振荡，甚至倒下，这时候还需要进行 p、i、d 三个系数的联调，若机器人能够直立但振荡明显，可适当降低比例系数和积分系数、增大微分系数；若在调试过程中，机器人不能直立，且没有找到较好的直立参数，建议按以上步骤再重新调试一次。

在自平衡机器人参数调试的过程中，若目标值增加 1，机器人能够平衡但会一直朝着一个方向运动，最终失去平衡；若目标值减小 1，则机器人会朝着另一个方向一直运动，最终也失去平衡。这时候需要选用乐高零件（孔梁）在自平衡机器人前方或后方进行配重，例如，若机器人一直向前运动，则可以在机器人的后方配重，如图 5.6.7 所示；若机器人一直向后运动，则可以在机器人的前方配重；最终使自平衡机器人可以在某个目标值下刚好能够平衡。

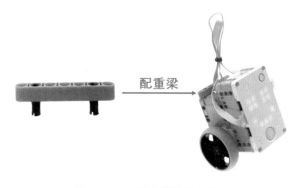

图 5.6.7　机器人配重示意图

试一试

（1）选用中型电机设计一个自平衡机器人，设计程序，让机器人能够直立。

（2）用 spike 设计一个自平衡机器人，选择光电传感器来辅助机器人直立。

5.6.3　自平衡直立程序优化

自平衡机器人直立后，若是受到过大的干扰就会倒下，但倒下后的机器人几乎难以再次站立，但是电机还会一直工作，这是因为积分一直累加的缘故。因此我们希望自平衡机器人倒下后，电机停转，手动将其直立后能够自动保持平衡。

程序优化的思路是：根据偏差的大小判断机器人的直立情况，当偏差过大时，机器人不能保持平衡，让电机停止旋转；之后机器人再次判断偏差的大小，当偏差很小时，机器人接近平衡位置，此时令积分为 0，积分项的输出 i 也为 0，再次启动 PID 自平衡程序让机器人重新站立。程序设计如图 5.6.8 所示。

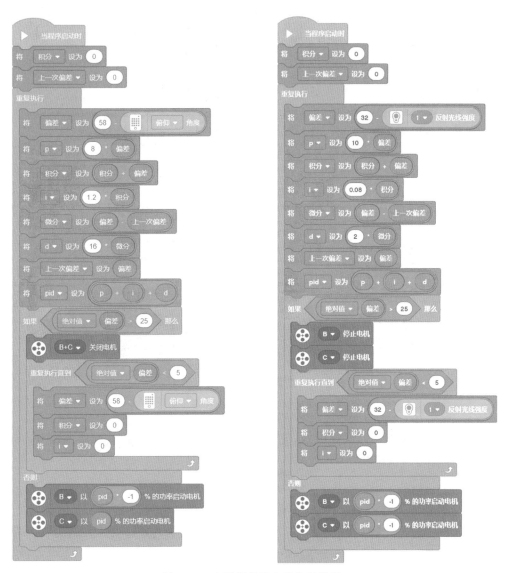

图 5.6.8　自平衡机器人优化的程序

试一试

采用积分限幅、变速积分、PID 限幅、积分分离等方法优化自平衡机器人的程序。

5.6.4　自平衡机器人的转向

至此，自平衡机器人已经学会了直立，但它还不会前后移动和转弯。下面设计程序控制机器人的转向，其方法是让左右电机产生功率差，自平衡机器人的转向程序如图 5.6.9 所示。

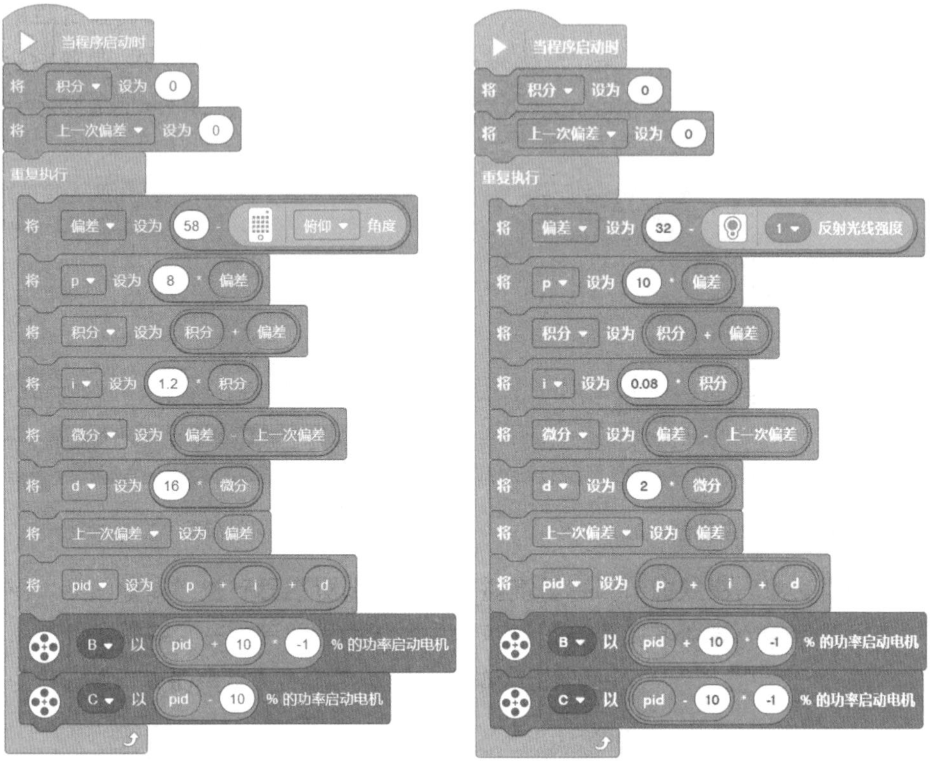

图 5.6.9　自平衡机器人转向程序设计

运行以上程序可以让自平衡机器人获得顺时针转向运动，可以尝试修改程序，探索逆时针转向以及其他转向运动。

试一试

设计程序，让自平衡机器人逆时针转弯。

5.6.5　自平衡机器人前后移动

想象一下，你站立在水平地面上，现在突然想快速向前跑，那身体会有什么变化？你会蹬地、迈腿、摆臂，但还有一个更为重要的变化——身体前倾。身体前倾对加速奔跑起着推动的作用，前倾角度越大，加速越快。自平衡机器人也将采用"前倾"的方法从静止开始向前运动。

在自平衡机器人可以直立的情况下，将程序中的目标值减小 1（或增加 1），则机器人会朝向一个方向一直加速运动来维持偏差为 0，直至电机的功率达到最大值而无法加速，机器人才会倒下。这个过程类似于我们在指尖上直立一根小木棒，当小木棒发生微小的倾斜，若要维持平衡，我们就必须向木棒倾斜的方向加速运动才能不让木棒倒下，若加速不够快，木棒就会倒下。

将目标值减小 1（或增大 1），让自平衡机器人偏离平衡位置，当机器人开始加速运动时，目标值开始逐渐恢复到原来的值，避免机器人一直加速而倒下，自平衡机器人移动的程序设计如图 5.6.10 所示，程序中两个参数 20 是用来控制机器人运动的最大功率，同时改变这两个参数可改变机器人移动的功率，改变参数 0.05 可以减小机器人移动中的振荡。

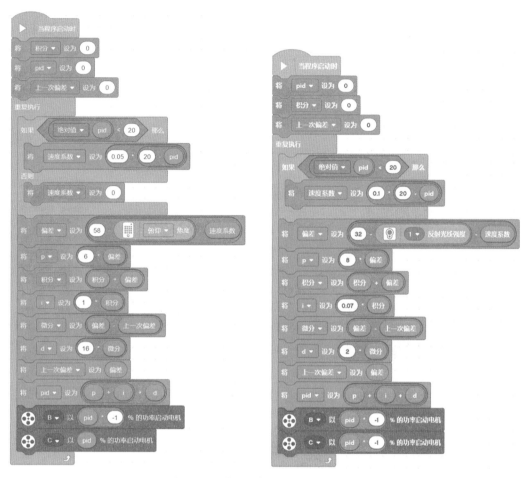

图 5.6.10　自平衡机器人移动的程序

试一试

（1）设计程序，让自平衡机器人后退。

（2）选用 EV3 或 spike 设计自平衡机器人，在机器人的前后各安装一个光电传感器，采用比较两个光电传感器光值的方法控制机器人的平衡。

5.6.6　自平衡机器人原地静止

使用基础 PID 算法控制自平衡机器人时，机器人会不断移动，为了让机器人能够停留在原地附近，需要添加角度传感器来联合控制自平衡机器人。采用类似机器人移动的方法，用角度传感器控制自平衡机器人的倾角。当电机角度大于 0° 时，自平衡机器人向电机角度减小的方向倾斜，让机器人向电机的 0° 方向运动；当电机角度朝着负值减小时，自平衡机器人朝向电机角度增大的方向倾斜，让机器人向电机的 0° 方向运动，直至自平衡机器人在电机的 0° 附近直立平衡。

自平衡机器人原地直立的程序设计如图 5.6.11、图 5.6.12 所示，为了减小机器人恢复到电机 0° 附近的振荡，在电机角度运算中添加了微分运算"微分 M"。程序循环模块内的参数 0 指的是机器人停留的电机角度值，改变这个参数，可让自平衡机器人停留在不同的电机角度。

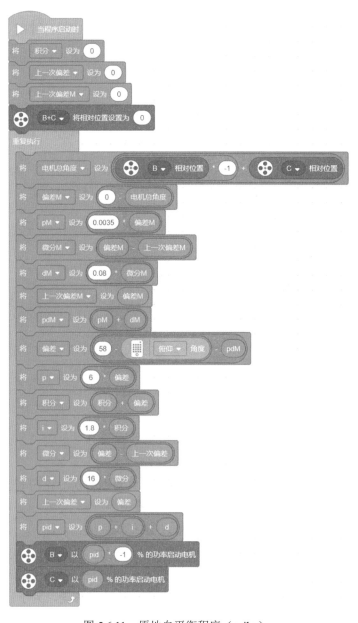

图 5.6.11　原地自平衡程序（spike）

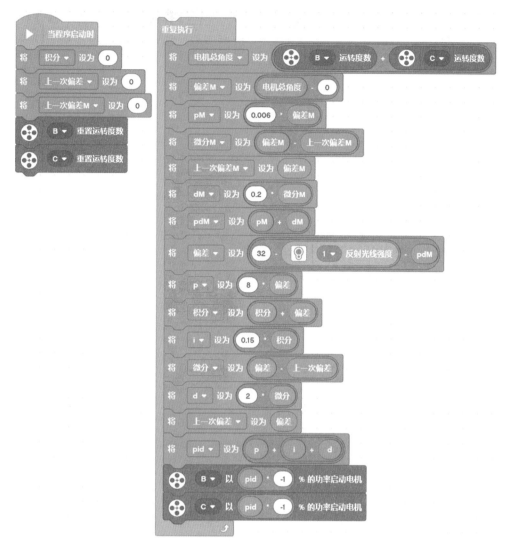

图 5.6.12 原地自平衡程序（EV3）

生活中，我们驾驭的自平衡车不仅能够在平坦的路面快速平稳的行驶，还能够自动识别小障碍或坡路，这让自平衡车在稍有崎岖的小路上也能够表现出优异的稳定性和动态平衡性。这样的平衡车除了运用了 PID 算法及多重优化之外，还添加了其他算法，用于障碍感知和坡面识别，以提升平衡车在运动过程中的平衡性能，增加行驶的安全性和舒适性。

试一试

设计各种不同的自平衡机器人，或在自平衡机器人上添加超声波等各种传感器，运用以上自平衡控制算法，实现自平衡机器人的各种运动。

5.7　竞赛机器人"我的模块"程序设计（spike）

（1）认识各种"我的模块"的功能及使用方法。

（2）学会运用"我的模块"控制机器人的运动。

（3）学会设计新的"我的模块"。

在机器人竞赛的程序设计中，往往会多次调用直行、转弯、巡线的程序，为了便于程序编写，提高程序编写效率，可以将各种功能的程序设计成"我的模块"。本节将以FLL机器人为例，进行"我的模块"程序设计，程序中的参数仅作为参考，最优参数还需要根据机器人的载荷以及实际情况通过多次调试获得。为了模块参数命名的统一，本节电机的功率控制和速度控制统称为功率。

▌5.7.1　机械臂定位模块

机械臂定位模块的功能是旋转的电机遇到较大阻力时，电机会停止旋转，可用于机械臂的定位和电机保护，其程序设计如图5.7.1所示。

图 5.7.1　机械臂定位模块设计

机械臂定位模块可对机器人A、B、C、D各个端口的电机进行控制，在"端口"参数中填入某一端口的字母即可控制电机运动；"功率"参数的范围为−100～100，"阈值"参数不区分正负，"阈值"绝对值必须小于"功率"绝对值，"制动"可选择"保持位置不动"或"惯性滑行"，在"制动"参数中填入"1"表示"保持位置"，填入"0"表示"惯性滑行"，填入其他数字，电机旋转不停止。

调用机械臂定位模块进行程序设计，如图 5.7.2 所示，"端口"参数设置为 A，即控制 A 电机的运动；"功率"参数设置为 50，"阈值"参数设置为 5；"制动"参数设置为 1，即电机停止时保持位置不动。

图 5.7.2　机械臂定位程序设计

5.7.2　垂直定位模块

该模块可实现机器人双光电黑线前行或后退的垂直定位，机器人直行，当两个光电传感器检测到黑线时，机器人修正方向并与黑线保持垂直，下面采用两种方法进行双光电黑线垂直定位，其模块设计如图 5.7.3 和图 5.7.4 所示。

1. 双光电黑线垂直定位模块设计方法 1

该垂直定位模块中的"功率"指的是机器人移动的电机功率，建议功率范围为 −35～35，

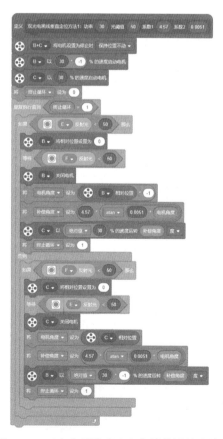

图 5.7.3　双光电黑线垂直定位模块设计方法 1

"光阈值"指的是两个光电传感器检测黑线的反射光阈值,通常设为中间值,"系数1"和"系数2"是垂直定位的两个重要参数,理论计算的"系数1"的值为4.57,"系数2"的值为0.0051;在实际的垂直定位中,可能会出现补偿角度不足,此时可适当增大"系数1"和"系数2"的值,通过多次调试,使机器人垂直定位更精准。

2. 双光电黑线垂直定位模块设计方法2

该垂直定位模块使用比例算法控制,比上一种垂直定位模块定位时间长,但易于理解和使用,模块中的"功率"指的是机器人移动的电机功率,建议功率范围为 -35 ～ 35;"光阈值"指的是两个光电传感器检测黑线的反射光阈值,通常设为中间值;"比例系数"指的是光电传感器反射光值与光阈值之间偏差的比例系数,通常比例系数可设置为0.5;"精度"指的是垂直定位的精准度,"精度"值越小,机器人垂直定位越精准,但定位用时越长,建议"精度"值范围选为 2 ～ 10。

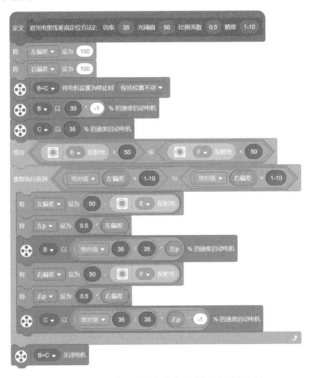

图 5.7.4　双光电黑线垂直定位模块设计方法 2

调用模块"双光电黑线垂直定位方法1"设计程序,如图 5.7.5 所示,功率设为30,机器人以功率30向前运动,"光阈值"设置为中间值50,通过调试,"系数1"的值为4.6,"系数2"的值为0.0062,该程序可实现机器人前行,当遇到黑线时,通过电机的角度补偿实现机器人的垂直定位。

图 5.7.5　双光电黑线垂直定位程序设计 1

调用模块"双光电黑线垂直定位方法 2"设计程序，如图 5.7.6 所示，"功率"设置为 35，机器人以功率 35 向前运动；"光阈值"设置为中间值 50；"比例系数"需要根据机器人的移动功率、载荷和定位精度进行调试，通常"比例系数"可设置为 0.5；"精度"需要根据任务要求进行设置，通常可以设置为 5。

图 5.7.6　双光电黑线垂直定位程序设计 2

5.7.3　单光电巡线模块

　　单光电巡线模块采用 PID 算法和积分限幅，可实现机器人对各种线形的巡线，其中左光电 E 巡线的模块设计如图 5.7.7 所示，右光电 F 巡线的模块设计如图 5.7.8 所示。由于 FLL 机器人的巡线性能较弱，建议巡线功率不超过 50，通常可选择的功率范围为 15～35；"左/右巡"用于切换机器人是沿黑线的左边缘还是右边缘巡线，若参数设为"-1"，则机器人沿黑线左边缘巡线，若参数设为"1"，则机器人沿黑线右边缘巡线；Kp、Ki 和 Kd 分别为 PID 巡线的比例系数、积分系数和微分系数，这些系数需要根据巡线的目标功率、机器人的载荷、线形以及任务要求进行调试获得，若是直线巡线，可将积分系数 Ki 设置为 0。

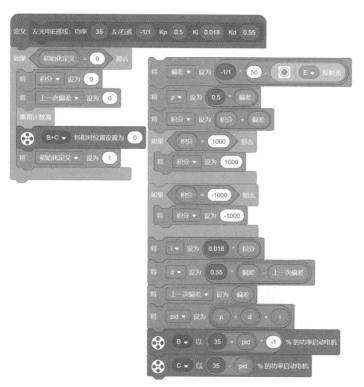

图 5.7.7　左光电 E 巡线的模块设计（右侧程序在左侧程序循环的内部）

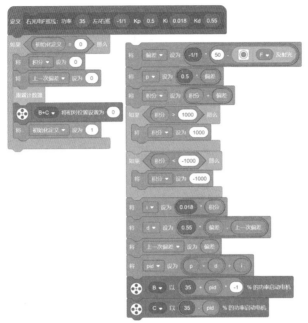

图 5.7.8　右光电 F 巡线的模块设计（右侧程序接在左侧程序下方）

在使用单光电巡线模块进行设计程序时，还需要在模块外部添加循环模块，通过设置不同的循环条件，实现各种情形下的巡线控制，例如巡线指定距离、巡线直到遇到黑线、巡线指定时间，等等。在每次调用单光电巡线模块设计程序时，需要先定义变量"初始化定义"的值为 0，其目的是定义变量、重置时间和重置电机角度，让该部分的程序仅运行一次。

图 5.7.9　左光电 E 巡线程序设计

调用左光电 E 巡线模块进行程序设计，如图 5.7.9 所示，巡线模块的外部需要添加循环模块。本程序可实现机器人沿着黑线右边缘巡线，直到机器人 C 电机旋转角度大于 1000° 时，巡线结束，机器人停止运动。

5.7.4　精准转向模块（陀螺仪传感器）

精准转向模块可实现机器人的精准转向，其转向方式有两种：单电机转向和原地转向。单电机转向提供两种模块设计方法，一种采用 PID 算法进行程序设计，如图 5.7.10 所示，另一种采用比例算法并结合电机速度模块进行程序设计，如图 5.7.11 所示。机器人原地转向模块也采用比例算法并结合电机速度模块进行程序设计，如图 5.7.12 所示。

模块的"功率"指的是电机转向的功率，建议功率范围为 -50 ～ 50，功率不区分正负号，"目标方向"指的是机器人将要转到的陀螺仪传感器偏航角。"精度"指的是转向的控制精度，精度值越小，转向精度越高，但用时越长，建议精度参数范围为 1 ～ 3。在单电机转向中还有"端口"参数，可选择端口 B 或 C 来启动电机进行转向。

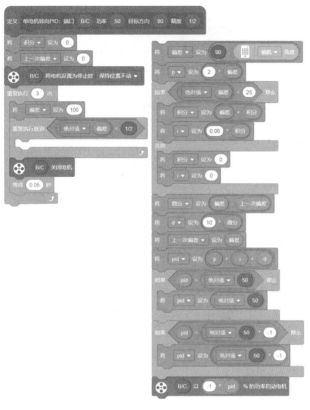

图 5.7.10　PID 单电机转向模块设计（右侧程序在左侧程序循环的内部）

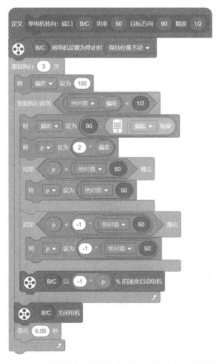

图 5.7.11　采用比例算法的单电机转向模块设计

图 5.7.12　采用比例算法的原地转向模块设计

　　调用单电机转向模块进行程序设计，如图5.7.13所示，端口选择B，机器人左电机运动，直到陀螺仪传感器的偏航角为90°时，停止转向，由于精度值为2，则转向误差为±1°。

图 5.7.13　单电机转向程序设计

▌5.7.5　精准直行模块（陀螺仪传感器）

　　精准直行模块使用陀螺仪传感器控制机器人沿着直线移动，包括机器人的前进和后退，其程序设计如图5.7.14所示。其中"目标方向"指的是机器人沿直线移动的陀螺传感器的偏航角；"功率"指的是机器人直行时的电机功率。Kp、Ki 和 Kd 分别为 PID 的比例系数、积分系数和微分系数，这些系数需要根据机器人的载荷及任务要求进行调试获得。

　　使用精准直行模块设计程序时，还需要在模块外部添加循环模块，通过设置不同的循环条件实现各种情形下的直行控制，例如直行指定距离、直行直到遇到黑线、直行指定时间，等等。在每次调用精准直行模块设计程序时，需要先定义变量"初始化定义"的值为0，其目的是定义变量、重置时间和重置电机角度，让该部分的程序仅运行一次。

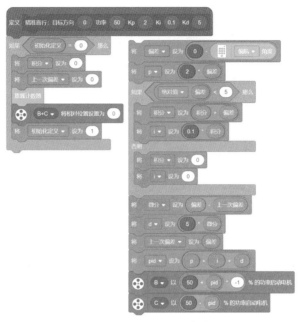

图 5.7.14　精准直行模块（右侧程序接在左侧程序下方）

调用精准直行模块进行程序设计，示例如图 5.7.15 所示，定义变量"初始化定义"为 0，在精准直行模块的外部添加循环模块，机器人以功率 50 向偏航角 0° 方向直行，直到机器人右电机 C 旋转角度大于 720° 时，机器人停止运动。

图 5.7.15　精准直行程序设计

5.8　竞赛机器人"我的模块"程序设计（EV3）

学习目标

（1）认识各种"我的模块"的功能及使用方法。

（2）学会运用"我的模块"控制机器人的运动。

（3）学会设计新的"我的模块"。

在机器人竞赛的程序设计中，往往会多次调用直行、转弯、巡线的程序，为了便于程序的编写，提高程序编写效率，可以将各种功能的程序设计成"我的模块"。本节将以 FLL 机器人为例进行"我的模块"程序设计，程序中的参数仅作为参考，最优参数还需要根据机器人的载荷以及实际情况通过多次调试获得。为了模块参数命名的统一，这里电机的功率控制和速度控制统称为功率。

5.8.1 机械臂定位模块

机械臂定位模块的功能是旋转的电机遇到较大阻力时，程序控制电机停止旋转，可用于机械臂的定位和电机保护，其程序设计如图 5.8.1 所示。

机械臂定位模块可对机器人 A、B、C、D 四个端口的电机进行控制，模块中的"端口"参数可填入 1、2、3、4 中的任意一个数字，这四个数字分别对应 A、B、C、D 四个端口；"功率"参数的范围为 -100 ～ 100，"阈值"参数不区分正负，阈值的绝对值必须小于"功率"的绝对值，"制动"可选择"保持位置不动"或"惯性滑行"，在"制动"参数中填入"1"表示"保持位置不动"，填入"0"表示"惯性滑行"，填入其他数字，则电机不停止旋转。调用机械臂定位模块进行程序设计，如图 5.8.2 所示，设置"端口"参数为 1，即控制 A 电机的运动；"功率"参数为 100，"阈值"参数为 5，当电机转速小于 5 时进行制动；"制动"参数为 1，即电机停止时保持位置不动。

图 5.8.1 机械臂定位模块设计

图 5.8.2 机械臂定位程序设计

5.8.2 垂直定位模块

本模块可实现机器人双光电黑线前行或后退的垂直定位，机器人直线移动，当两个光电传感器检测到黑线时，机器人修正方向并与黑线保持垂直，以下将采用两种方法进行双光电黑线垂直定位，其模块设计如图 5.8.3 和图 5.8.4 所示。

1. 双光电黑线垂直定位模块设计方法 1

该垂直定位模块中的"功率"指的是机器人移动的电机功率，建议功率范围为 -35 ～ 35，"光阈值"指的是两个光电传感器检测黑线的反射光阈值，通常设为中间值，"系数 1"和"系数 2"是垂直定位的两个重要参数，理论计算的"系数 1"的值为 3.782，"系数 2"的值为 0.0068；在实际的垂直定位中，可能会出现补偿角度不足，此时可适当增大"系数 1"和"系数 2"的值，通过多次调试，使机器人垂直定位更精准。

图 5.8.3　双光电黑线垂直定位模块设计方法 1

2. 双光电黑线垂直定位模块设计方法 2

该垂直定位模块使用比例算法控制，比第一种垂直定位模块定位时间长，但程序设计简单，参数易于调试。模块中的"功率"指的是机器人移动的电机功率，建议功率范围为 -30 ~ 30；"光阈值"指的是两个光电传感器检测黑线的反射光阈值，通常设为中间值；"比例系数"指的是光电传感器反射光值与光阈值之间偏差的比例系数，通常比例系数可设置为 0.6；"精度"指的是垂直定位的精准度，精度值越小，机器人垂直定位越精准，但定位用时越长，建议精度值范围为 1 ~ 10。

图 5.8.4　双光电黑线垂直定位模块设计方法 2

调用模块"双光电黑线垂直定位方法 1"设计程序，如图 5.8.5 所示，"功率"设为 25，"光阈值"设为中间值 50，通过调试，实际"系数 1"的值为 3.8，"系数 2"的值为 0.0086，该程序可实现机器人前行，当遇到黑线时，通过电机的角度补偿实现机器人的垂直定位。

图 5.8.5　双光电黑线垂直定位程序设计 1

调用模块"双光电黑线垂直定位方法 2"设计程序，如图 5.8.6 所示，"功率"设置为 -25，机器人向后运动；"光阈值"设置为中间值 50；"比例系数"需要根据机器人的移动功率、载荷和定位精度进行调试，通常"比例系数"可设置为 0.6；"精度"需要根据任务要求进行设置，通常可以设置为 6。

图 5.8.6 双光电黑线垂直定位程序设计 2

5.8.3 单光电巡线模块

单光电巡线模块采用 PID 算法和积分限幅，可用于 FLL 机器人对各种线形的巡线，其中"左光电 2 巡线"的模块设计如图 5.8.7 所示，"右光电 3 巡线"的模块设计如图 5.8.8 所示。由于 FLL 机器人的巡线性能较弱，建议巡线功率不超过 50，通常可选择的功率范围为 20 ~ 35；"左 / 右巡"用于切换机器人是沿黑线的左边缘还是右边缘巡线，若参数设为"–1"，则机器人沿黑线左边缘巡线，若参数设为"1"，则机器人沿黑线右边缘巡线；Kp、Ki 和 Kd 分别为 PID 巡线的比例系数、积分系数和微分系数，这些系数需要根据巡线的目标功率、机器人载荷、线形以及任务要求进行调试获得，若是直线巡线，可将积分系数 Ki 设置为 0。

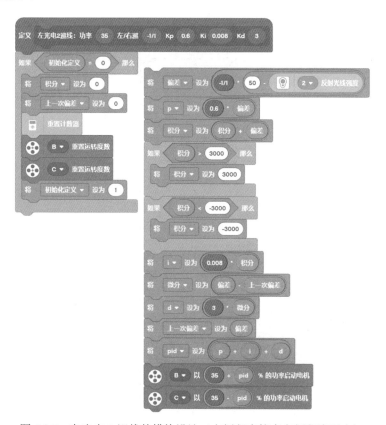

图 5.8.7 左光电 2 巡线的模块设计（右侧程序接在左侧程序下方）

在使用单光电巡线模块进行设计程序时，还需要在模块外部添加循环模块，通过设置不同的循环条件实现各种情形下的巡线控制，例如巡线指定距离、巡线直到遇到黑线、巡线指定时间，等等。在每次调用单光电巡线模块设计程序时，需要先定义变量"初始化定义"的值为 0，其目的是定义变量、重置时间和重置电机角度，让该部分的程序仅运行一次。

调用"左光电 2 巡线"模块进行程序设计，如图 5.8.9 所示，先定义变量"初始化定义"为 0；然后在巡线模块的外部添加循环模块。本程序可实现机器人沿着黑线左边缘巡线，直到机器人 C 的电机运转度数大于 720° 时，巡线结束，机器人停止运动。

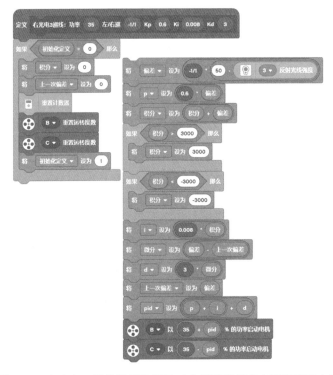

图 5.8.8　右光电 3 巡线的模块设计（右侧程序接在左侧程序下方）

图 5.8.9　左光电 2 巡线程序设计

▌5.8.4　精准转向模块（角度传感器）

　　精准转向模块可实现机器人的精准转向，其转向方式有两种：单电机转向和原地转向。单电机转向提供两种模块设计方法，一种采用 PID 算法进行程序设计，如图 5.8.10 所示，另一种采用比例算法并结合电机速度模块进行程序设计，如图 5.8.11 所示。机器人原地转向模块也采用比例算法并结合电机速度模块进行程序设计，如图 5.8.12 所示。

　　模块中的"功率"指的是电机转向的功率，其中单电机转向功率建议设置为 −60 ～ 60，原地转向的功率建议设置为 −30 ～ 30，功率不区分正负号，"目标角度"指的是机器人将要转到的角度传感器的角度。"精度"指的是转向的控制精度，精度值越小，转向精度越高，但用时越长，建议精度值范围为 1 ～ 3，通常精度值可设为 2。在单电机转向中还有"端口"参数，可选择端口 B 或 C 来启动电机进行转向。

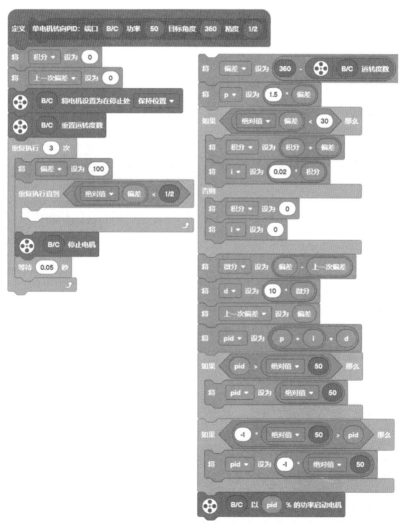

图 5.8.10　PID 单电机转向模块设计（右侧程序在左侧程序循环的内部）

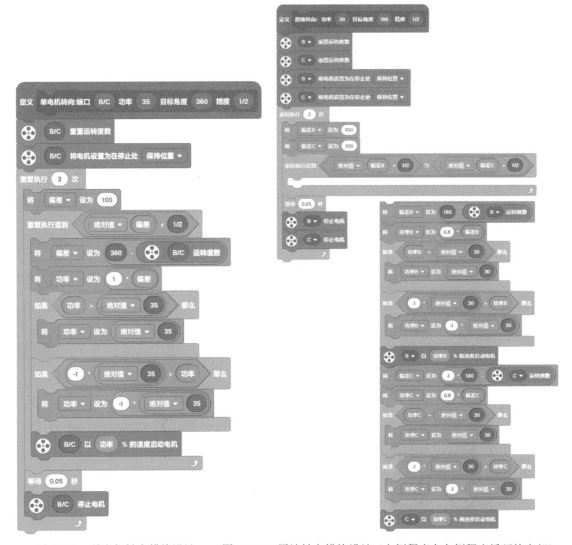

图 5.8.11 单电机转向模块设计   图 5.8.12 原地转向模块设计（右侧程序在左侧程序循环的内部）

调用单电机转向模块进行程序设计，如图 5.8.13 所示，端口参数为 3，则启动端口 C 的电机运动，直到 C 电机旋转的角度为 380° 时，电机停止运动，由于精度值为 2，则转向误差为 ±1°。

图 5.8.13 单电机转向程序设计

5.8.5　精准直行模块（角度传感器）

精准直行模块运用电机角度传感器控制机器人沿直线移动，包括机器人的前进和后退，其程序设计如图 5.8.14 所示。模块中的"功率"指的是机器人直行时的电机功率。Kp、Ki 和 Kd 分别为 PID 的比例系数、积分系数和微分系数，这些系数需要根据机器人的载荷及任务要求进行调试获得。

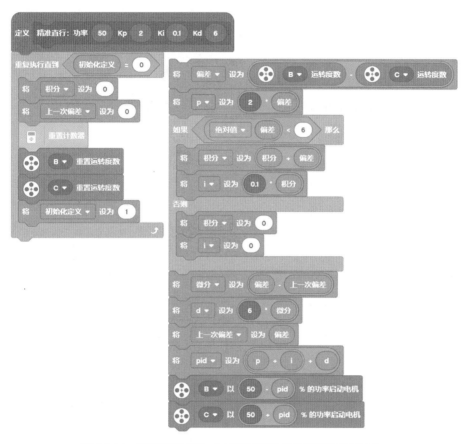

图 5.8.14　精准直行模块（右侧程序接在左侧程序的下方）

在使用精准直行模块设计程序时，还需要在模块外部添加循环模块，通过设置不同的循环条件实现各种情形下的直行控制，例如直行指定距离、直行直到遇到黑线、直行指定时间，等等。在每次调用精准直行模块设计程序时，需要先定义变量"初始化定义"的值为 0，其目的是定义变量、重置时间和重置电机角度，让该部分的程序仅运行一次。"精准直行模块"与程序模块中已有的速度转向模块的功能相同，在竞赛中直接使用移度转向模块更为简单实用，如图 5.8.15 所示，而这里的"精准直行模块"供大家学习参考。

调用精准直行模块进行程序设计，如图 5.8.16 所示，定义变量"初始化定义"为 0，在精准直行模块的外部添加循环模块，机器人以功率 60 直行，直到机器人右电机 C 的运转度数大于 720° 时，机器人停止运动。

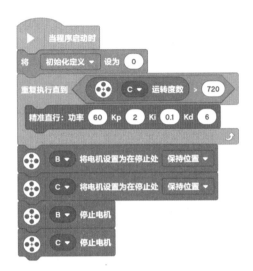

图 5.8.15 移动转向模块   图 5.8.16 精准直行程序设计

使用"我的模块"进行程序设计可以大大提高程序设计的效率，也使得程序易于阅读和理解，简化了程序，在实际的程序设计中，可能还会遇到其他多次使用的程序，这些程序都可以设计成"我的模块"，再次使用时直接调用即可。